饮茶小史

静清和 著

九州出版社
JIUZHOUPRESS

图书在版编目（CIP）数据

饮茶小史 / 静清和著. --北京：九州出版社，2022.5

ISBN 978-7-5225-0900-6

Ⅰ. ①饮… Ⅱ. ①静… Ⅲ. ①茶文化－文化史－中国 Ⅳ. ①TS971.21

中国版本图书馆CIP数据核字（2022）第061155号

饮茶小史

作　　者　静清和 著
责任编辑　毛俊宁
出版发行　九州出版社
地　　址　北京市西城区阜外大街甲35号（100037）
发行电话　（010）68992190/3/5/6
网　　址　www.jiuzhoupress.com
印　　刷　天津市豪迈印务有限公司
开　　本　870毫米×1280毫米　16开
印　　张　15
字　　数　300千字
版　　次　2022年5月第1版
印　　次　2022年5月第1次印刷
书　　号　ISBN 978-7-5225-0900-6
定　　价　58.00元

自序

凡是过往，皆为序章。

自上古煮茶、唐代煎茶肇始，至宋代以降的点茶、撮泡等，那些古老的传统饮茶习俗，在今天来看，似乎渐行渐远，乃至模糊不清，其实，它们并没有被历史的烟尘完全湮没，只是顺其自然地蜕变、融合或沉潜于此后的茶事之中，波澜不惊，与古为新。

尽管芸芸众生的一言一行构成了我们的历史，但是，由历代精英集体写就的历史，是无法兼顾到每一个人、每一个阶层的真实状况的。因此，我们当下读到的有关饮茶史料，大多是经过历代的文人雅士们有所取舍并系统滤清过的。它所反映的，更多的是少数诗礼簪缨之族，或高居庙堂之上阶层的饮茶方式，不可能如实呈现出处江湖之远的市井阶层及庶民百姓的饮茶流俗，故有“史难及庶人”之说。正因为如此，我们很少会思考：从上古的原始煮饮，到陆羽改进过的煎茶；从早期民间的斗茶，到经蔡襄等人改良过的点茶；从市井草莽的点茶、果子茶，演化成为明代以降的撮泡法等；它们之间究竟存在着怎样的次第关联与相互影响？而这些，恰恰也是本书着力挖掘与探究的重点。要想弄清楚煮茶、煎茶、点茶、泡茶以及文人茶与工夫茶的深层勾连、互动与衍生关系，就需要借助大量的史料碎片，援以宋元以降的笔记、逸事、戏曲、小说等，从其委蛇曲折处，用心揣摩，细细探究出符合那段历史、人情的情理来。因为，世间的任何一门学问，都不外乎一个“理”字。

《四库全书总目提要·史部总叙》说：“史之为道，撰述欲其简，考证则欲其详。”本书的写作思路即是本乎这个述写原则，对于大家熟悉的知识，阐述从简，甚至是一笔带过；针对大家比较陌生或是含混不清的问题，其论述则是条分缕析，重墨勾勒，尤其是明末清初，涉及影响文人茶向工夫茶嬗变的政治、经济、文化、审美等因素的挖掘，更是不厌其详。

茶，既能给人以物质的满足，亦能给人以精神的愉悦，从这个层面讲，茶既是物质的，又是精神的。因此，饮茶无论是作为一种生活方式，抑或是行为艺术，自古至今，无不受着政治的影响、经济的制约、文化的熏陶、审美趣味的左右等。工夫茶在明末清初的萌芽即是例证。究其本质，工夫茶其实是文人茶商品化、世俗化、生活化的产物。没有明末商品经济昙花一现的繁荣，没有阳明心学推动的个体意识的觉醒，没有基于人性之上的世俗审美的剧变，就不会有以追求生命感性存在与物质享受的具有世俗之美的工夫茶的诞生。当清代的饮茶方式再次被儒家赋予强烈的自省、养廉、雅志、修德等教化色彩之后，崭新的工夫茶饮自然就会在以儒家为正统的文人士族阶层，失去了培植其生存、发展、壮大的土壤。这就是清代工夫茶，只能在远离主流意识形态且商品经济发达的少数地区偏之一隅的重要原因。

人类社会的发展历史，同时也是一部认识与思考的发展史。我们今天对茶的思考与认知，转瞬即成明天的茶史。后之视今，犹今之视昔。从这个意义上讲，拙著《饮茶小史》，虽名为小史，其实是一笔十余年来，经过独立思考、长期积累、去芜存菁、不敢误人子弟的流水账。是理解，是体会，是认知、是心得。这也是本书付之梨枣的意义所在。

本书从“秦取巴蜀茗饮始”，一直写到“健康瀹饮是根本”，以历代细碎、翔实的史料作支撑，以可靠确凿的前贤琐记、林下闲谈等为依据，力图从两千余年的历史脉络、余绪之中，相对准确地还原出那段中国的饮茶历史，使之茶脉赓续，气韵贯通。“风微仅足吹花片，雨细才能见水痕。”显然，这只是我个人的一厢情愿而已。鉴于本人驽钝学浅，所述所议，可能存在着一些缺憾或谬误之处，敬祈方家批评指正。

静清和

写于壬寅年立春

目

录

秦取巴蜀茗饮始

清代学者顾炎武在《日知录》中说：

『自秦人取蜀而后，始有茗饮之事。』

顾炎武的判断是基本符合茶饮的历史发展规律的。

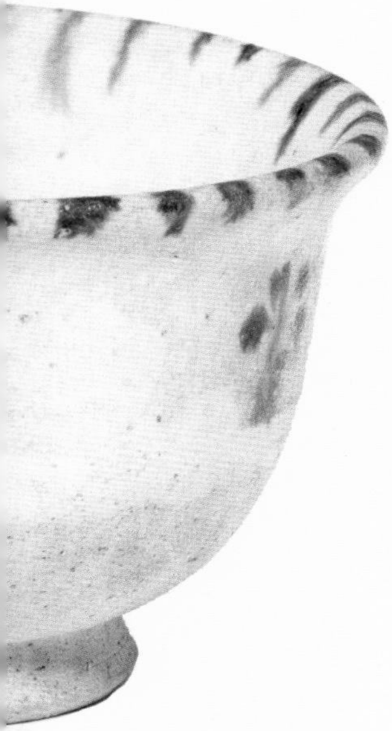

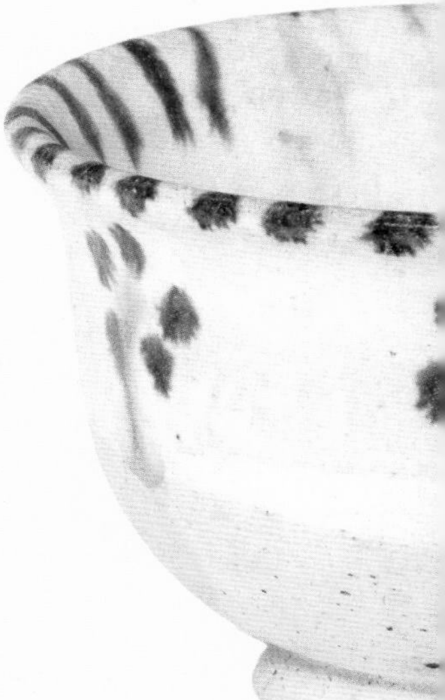

“茶之为饮，发乎神农氏，闻于周鲁公。齐有晏婴，汉有扬雄、司马相如，吴有韦曜，晋有刘琨、张载、远祖纳、谢安、左思之徒，皆饮焉。滂时浸俗，盛于国朝，两都并荆渝间，以为比屋之饮。”唐代陆羽在《茶经·六之饮》一章，也只是大概推测，茶的饮用，肇始于神农氏，听闻于周鲁公。

饮茶始于神农氏，作为传说尚可，但其历史事实，却无法考证。因为在成书于东汉的《神农本草经》中，并没有任何关于茶的记载。而“闻于周鲁公”，恐怕也是陆羽认知的错误。周鲁公是谁呢？周鲁公是西周时期的周公旦，他是周文王的第四个儿子，因被封于山东曲阜，故称为周鲁公。茶饮和周鲁公又是怎样关联上的呢？传说《尔雅》一书，为周鲁公所写，而《尔雅·释木第十四》最早记载了“槚，苦荼”。事实上，《尔雅》的成书时间，大约是在战国或两汉之间，故陆羽提出的“闻于周鲁公”，就属于认知上的错误。

不仅如此，陆羽的“齐有晏婴”，以及《茶经·七之事》引《晏子春秋》曰：“婴相齐景公时，食脱粟之饭，炙三弋五卵，茗菜而已。”此“茗菜”，在现存的《晏子春秋》各种版本中，都为“苔菜”。而苔菜，是紫堇菜的别名，并非是茶。综合上述内容，排除陆羽误引的“闻于周鲁公”与“茗菜而已”两条文献，基本可以认为：在周朝以及其后的春秋战国时期，仍然无法觅到关于茶饮的确凿的任何文字记载。

清代学者顾炎武，在《日知录》中说：“自秦人取蜀而后，始有茗饮

商周时期的无釉白陶器

之事。”顾炎武的判断是基本符合茶饮的历史发展规律的。公元前316年，秦惠文王采纳司马错之策攻蜀，大破蜀军于葭萌关，古蜀国灭亡。不久之后，秦军又灭了巴国，从而实现了“先灭蜀，继灭楚，而得天下”的战略构想。公元前221年，秦始皇统一中国以后，由丞相李斯负责，推行“书同文，车同轨”政策，在秦国原有大篆籀文的基础上，对文字进行简化，创立了小篆，作为全国统一的规范文字来使用，与此同时，也废除了原来六国的文字。只有当全国具备了规范统一的文字，消除了过去六国各自为政的文字混乱状态，关于茶饮的可辨识的文字记载出现，才会在未来成为可能。

秦国征服了巴蜀地区并统一六国之后，巴蜀地区的饮茶习俗，始才具备了向外传播的必要条件。随着秦人东破荆州，南下江陵，饮茶习俗便逐渐向长江中下游地区扩散。两汉时，茶已传至荆楚大地。三国时，江南及江淮一带饮茶之风，已颇具气势。如西晋张孟阳诗云：“芳荼冠六清，溢味播九区”。六清，即是古代招待宾客的六种饮品，具体为水、浆、醴、凉、医、酏。

最早可能出现的茗饮之事，根据顾炎武的推测，大约应在秦朝统一之前的战国末期。而真正有据可考的饮茶记载，则出现在西汉（公元前59年）王褒的《僮约》一文里。其中的“烹荼尽具”“武阳买荼”，则实实在在地证明了，我国的饮茶习俗，至少在西汉的四川彭山业已确凿存在。若再向前追溯，则缺乏翔实可靠的史料支撑。清代郝懿行在《证俗文》中写道：“茗饮之法，始见于汉末，而已萌芽于前汉。司马相如《凡将篇》有荈诧，王褒《僮约》有武阳买荼。”从《僮约》的“牵犬贩鹅，武阳买荼”与“杨氏担荷，往来市聚”，基本可以证实，在西汉宣帝神爵三年，四川已经建立了可以自由交易的茶叶市场。西晋傅咸的《司隶教》记载：

汉代鸟头形柄杯，高10厘米，宽9.6厘米，口径4.1厘米
美国弗利尔美术馆藏

陶鬲，古老的炊器

“闻南市有蜀妪作茶粥卖，为廉事打破其器具，后又卖饼于市。而禁茶粥以困蜀姥，何哉？”蜀妪能在南市售卖茶粥，则证明在当时的蜀地，饮茶已为寻常百姓事。此茶粥，是否如今天用新鲜茶叶与食物先擂后煮出的擂茶，也未可知。

西汉的司马相如、王褒，还有同时代的扬雄，均为四川人，他们都是茶之重要的记载者与时代见证人。西汉扬雄的《方言》有记：“蜀西南人谓茶曰蔎。”

西汉王褒的《僮约》称“烹茶尽具”，东汉至三国时期成书的《桐君采药录》记载：“巴东别有真茗茶，煎饮令人不眠”。晋代郭璞的《尔雅》注说：“树小似栀子，冬生叶，可煮作羹饮。”综合西汉至两晋屈指可数的文献记载，大致可以判断，从史前到晋代，此时的饮茶方式，主要为烹饮、煎饮或煮作羹饮等。

为什么两晋之前的茶饮方式，主要为烹饮、煎饮或煮作羹饮呢？首先，是因为当时的饮食器具比较简陋，饮食还是以蒸煮为主。其次，是由当时的饮食习惯所决定的。根据《桐君录》记载：“凡可饮之物，皆多取其叶。”通过现代茶叶的科学研究，我们能够明白，凡是经过煎、煮的茶，往往会浓度较高。如果兼顾到口感的甜美而不苦涩，最恰当的采茶方式，就是应当撷取咖啡碱与茶多酚含量较低的成熟叶片。

早取为茶煮羹饮

晋惠帝使用的瓦盂，即是口径较小的陶瓷饭碗。因为在晋代，茶器还没有从饮食器中单独分离出来。

陆羽的《茶经》引用《晋四王起事》云："晋四王起事，惠帝蒙尘，还洛阳，黄门以瓦盂盛茶上至尊。"西晋八王之乱后，公元 306 年，东海王司马越，把晋惠帝司马衷从长安迎归回洛阳，晋惠帝被下人伺候着用瓦盂吃茶。文中的"瓦盂"，应该是指当时的瓷器。晋惠帝作为堂堂一国之君，为什么会使用瓦盂吃茶？要解决这个问题，就需要知晓当时的茶是怎样制作的？茶是如何被煮出的？又是如何区分茶的？那时的茶器，究竟处在一个什么样的水准？

陆羽的《茶经·七之事》引三国魏初的《广雅》记载："荆巴间采叶作饼，叶老者，饼成以米膏出之。"从张揖的记载可以看出，三国时期，所采的茶属于比较成熟的叶片。对于所采的茶之老叶，晋代郭璞在《尔雅注》中进一步解释道："树小似栀子， 冬生叶，可煮羹饮，今呼早取为茶，晚取为茗，或一曰荈，蜀人名之苦荼。"也就是说，年初早采的上一年生的冬生叶，称之为茶或苦荼。晚采的，即当年春生春采的嫩叶，谓之茗。这样，我们就能正确理解，南北朝时期的《魏王花木志》对于茶的记述："老叶谓之荈，嫩叶谓之茗。"

综上所述，当时所采的茶，还是较老的冬生叶。采回的鲜叶，可以直接煮作羹饮；也可把采回晒干的叶片，在火上炙烤后，加葱、姜、橘子等混合煮饮。《广雅》有记："欲煮茗饮，先炙令赤色，捣末置瓷器中，以汤浇覆之，用葱、姜、橘子芼之。其饮醒酒，令人不眠。"当饮茶方式随着秦军的扩张，沿着长江向下传播、影响到吴越之地时，唐代杨晔在《膳

夫经手录》中这样写道："近晋、宋以降，吴人采其叶煮，是为茗粥。"茗粥，一般是指用茶树鲜叶直接煮成的浓汤。其内可能掺有淀粉类、蔬果等，如唐代储光羲的"淹留膳茶粥，共我饭蕨薇"。也可能是纯粹的浓茶汤，如宋代蔡襄《茶录》的"汤少茶多则粥面聚"。不加淀粉类、蔬果的茶汤，一般又称为清茗。《桐君录》记载："西阳、武昌、庐江、晋陵好茗，皆东人作清茗。茗有饽，饮之宜人。"

晋惠帝所饮的茶，是怎样分汤的呢？我们可以参考西晋杜育的《荈赋》记载："水则岷方之注，挹彼清流。器择陶简，出自东瓯。酌之以匏，取式公刘。惟兹初成，沫沉华浮。焕如积雪，晔若春敷。"按照杜育的描述，其煮茶的水，取自四川岷江的清流；煮茶的器皿，是用茶鼎、茶铛、茶釜等；待茶煮好后，用天然的匏瓢，把茶汤舀出，然后酌分到简易的陶瓷茶碗中。

杜育铺陈赞美灵山所产的"荈"，是在"月惟初秋"，趁农闲"结偶同旅"所采的秋茶。这说明，在晋代或晋代之前，春天所产的"茗"，还没有受到人们的关注。晋代包括此前所饮的茶，主要为春生秋采，或是冬生隔年早采的较老叶片。如此推理，晋惠帝所饮的那盏茶，大概率会是秋茶。

到了魏晋时期，瓷器和漆器作为生活器具，已经基本取代了秦汉时期流行的青铜器。以易溶黏土低温烧制的各色陶器，作为原始的饮食器具，自新石器时代发明以来，虽然解决了人类最基本的饮食问题，催生了饮食文化，但是，也因其存在的胎质疏松、吸水率过高等缺陷，不可避免地制约着人们生活品质的提高。到了商代，一种以瓷土为胎的带釉硬陶的出现，标志着原始瓷器的诞生。汉代青瓷的创烧，成为中国陶瓷发展史上的里程碑。这就意味着在人类历史上，真正意义上的瓷器时代已经到来。晋

魏晋时期的黑釉鸡首壶

惠帝手持的瓦盂，其材质可能是陶器，也可能是釉陶，但更有可能是青瓷。因为杜育所载的瓯窑，自东汉就能在1300℃左右的高温下，烧出釉色淡青、透明度较好的青瓷。作为早期理想的饮茶器，就需要器壁轻薄，手持轻便，胎质坚硬且吸水率为零。盂，即是较小口径的碗。碗，本作“椀”或“盌”，它是一种口大底小的器皿。《说文解字》说：“盌，小盂也。”又曰：“盂，饭器也。”晋惠帝使用的瓦盂，即是口径较小的陶瓷饭碗。因为在晋代，茶器还没有从饮食器中单独分离出来。此后，用作茶器的小碗，其口径一般会小于150毫米。

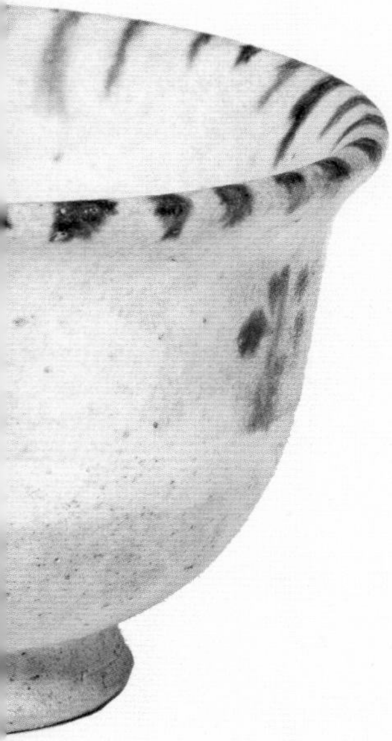

茗为酪奴轻蔑语

上有好者，下必甚焉。
隋文帝以帝王之尊，以一己之力，
在不经意间改变了茶为酪奴的历史地位。

唐代初期，医学家孟诜在《食疗本草》中记载：“（茗叶）当日成者良。蒸、捣经宿。用陈故者，即动风发气。”其中的“蒸”“捣”二字，不经意间点明了，在唐代初期，茶的制作方式还是蒸青工艺。鲜叶经过蒸青后，为什么需要捣碎呢？因为在那个时代，还没有诞生茶的揉捻技术，蒸过的叶片若不经捣碎，茶叶的内含物质便无法快速有效地浸出。茶叶制作的蒸青工艺，首次见于唐初的文献记载，这就意味着在唐代初期，蒸青绿茶已经无可争议地出现了。由此可以推论，在唐代以前，绿茶可能存在，也可能不存在。那么，在唐代之前的茶，大概属于哪一类呢？一个既无杀青工艺，又没经过揉捻的茶，归结为原始的白茶类，应该是比较客观的。

在晋代以前，茶叶只是作为食物或药物的一种，存在于人们的生活之中，但是，茶与饮茶的审美尚未建立。“惟兹初成，沫沉华浮。焕如积雪，晔若春敷。”晋代杜育，在《荈赋》中对茶汤审美的觉悟，深刻影响了唐代的陆羽。张孟阳的“芳茶冠六清”，以及王子尚的“此甘露也，何言茶茗？”能够表明晋代以降，文人雅士对茶的审美感觉渐渐萌芽。

从早期屈指可数的零落文献中，基本可以判断，从秦汉时期到晋代前后，人们的饮茶方式不外乎存在如下几种：首先，是添加了葱姜等辅料，或是添加了淀粉类烹煮的茶粥，后世演化为擂茶的一种；其次，是用茶之鲜叶或晒干的茶叶煎煮出的羹汤；最后，是在茶汤里添加了橘子、茱萸等水果或其他果实的可供咀嚼的果子茶。清代乾隆皇帝喜欢的三清茶，即是果子茶的一种。在晋代文献中，有两处记载过“茶果”，一是《晋中兴

唐代曲阳窑白釉执壶美国弗里尔美术馆藏

唐代白釉碗

书》："安即至，所设唯茶果而已。"二是《晋书》："每宴饮，惟下七奠柈茶果而已。"

中国的饮茶习俗，在秦统一巴蜀之后，随着与外界交流的日益密切，渐渐地沿着长江向东、向南渗透、扩散。三国魏初，就有"荆巴间采叶作饼"的记载。《吴志·韦曜传》写道："孙皓每飨宴，坐席无不率以七升为限，虽不尽入口，皆浇灌取尽。曜饮酒不过二升。皓初礼异，密赐茶荈以代酒。"孙皓是东吴的末代皇帝，也是孙权的孙子。他密赐韦曜以代酒的茶荈，据考证，正是浙江湖州所产的温山御荈。南朝刘宋时，山谦之的《吴兴记》记载："乌程县西二十里，有温山，出御荈。"乌程，即是古湖州。而御荈，则是中国最早有文字记载的贡茶之一。巧合的是，孙皓在继位之前曾是乌程侯。这也是南宋杜耒"寒夜客来茶当酒"的出处。东吴时，秦菁的《秦子》曾记载："顾彦先曰，有味如臛，饮而不醉；无味如茶，而醒焉，醉人何用也？"西晋的《荆州土地记》记载：其曰"武陵七县通出茶。"武陵即今常德市。加之《桐君录》记载："西阳、武昌、庐江、晋陵皆好茗。"此时的庐江为安徽舒城，晋陵是江苏常州，这能够充分说明，在三国前后，茶饮从巴蜀地区，已经传播到荆楚大地，继而影响到长江中下游的江南地区。

南北朝时，我国仍处于南北割据的局面。两晋前后，江南存在着客来敬茶的礼俗。到了南朝，茶已成为祭祀祖先的祭品之一。南齐世祖武皇帝的遗诏称："我灵座上，慎勿以牲为祭，但设饼果、茶饮、干饭、酒脯而已。"北朝士人侮辱南朝降将陈庆之的"菰稗为饭，茗饮作浆"，从侧面也反证了南朝上下存在着普遍饮茶的习俗。

南朝的皇族萧正德，叛逃北魏，北魏宗室元义以茶待之，"先问卿于水厄多少，正德不晓其意，答曰：下官生于水乡，立身以来，未遭阳侯之

六朝时期的四系罐

难，坐客大笑。”这说明，在长江以北，饮茶的人数虽然不多，但是，饮茶方式已经很明确地传到了北地。“水厄”一词最早诞生于东晋，与司徒王蒙有关。南朝宋刘义庆的《世说新语》记载：“晋司徒王蒙好饮茶，人至辄命饮之，士大夫皆患之。每欲候蒙，必云：‘今日有水厄。’”自此，水厄便成了茶的贬称。北魏杨炫之的《洛阳伽蓝记·正觉寺》记载：“时给事中刘缟，慕肃之风，专习茗饮，彭城王谓缟曰：‘卿不慕王侯八珍，好苍头水厄。海上有逐臭之夫，里内有学颦之妇，以卿言之，即是也。’”刘缟仰慕的王肃，于公元 494 年，背叛南梁归顺北魏，“肃初入国，不食羊肉及酪浆等物，常饭鲫鱼羹，渴饮茗汁。京师士子，道肃一饮一斗，号为‘漏卮’。”“唯茗不中，与酪作奴耳”一句，也是出自王肃之口。无论是彭城王口中的“苍头水厄”，还是北魏洛阳文人戏称的“漏卮”，抑或是孝文帝口中的“茗不堪，与酪为奴”，都带有着深深的轻蔑和贬义，这能够充分说明，虽然在南北朝时期，南方饮茶已非常普遍和流行，茶饮也通过各种途径传播到了北方，但是，在北方的朝贵宴会上，饮茶仍难登大雅之堂。尽管如此，这也为后来的北方游牧民族的饮茶发端，打开了一扇窗户，奠定了良好的传播基础。

南北朝时期，北方的最后一个朝代，是由鲜卑人建立的北周。公元 581 年，北周外戚杨坚夺取了政权，建立了隋朝，定都长安，设洛阳为陪都。公元 589 年，隋朝灭陈，结束了中国东晋以来长期分裂的局面，重新统一了全国。尤其是随着京杭大运河的开通，促进了南北方在政治、经济、文化等方面的密切交流，为唐代茶文化的发展和兴盛，奠定了坚实的物质基础。

北魏时，南朝人士若在首都洛阳饮茶，一定会遭到豪门贵胄的嘲笑或戏弄的。孝文帝作为北魏的皇帝，虽不排斥饮茶，但却在强调茗为酪奴。

隋代白釉莲瓣纹蒜头瓶
美国大都会博物馆藏

《洛阳伽蓝记》记载："自是朝贵宴会，虽设茗饮，皆耻不复食。惟江表残民远来降者好之。"为什么到了唐代，饮茶之风会在突然之间弥漫朝野了呢？如陆羽的《茶经》所记："滂时浸俗，盛于国朝，两都并荆渝间，以为比屋之饮。"唐代的两都，是指长安和洛阳，与隋都重合。这个划时代的重要推动人物，就是隋文帝杨坚。据明代陈仁锡的《潜确类书》记载：隋文帝患脑疼不止，"后遇一僧曰：山中有茗草，煮而饮之当愈。帝服之有效，由是人竞采啜。"隋文帝由此与茶结缘，走上了饮茶之路。上有好者，下必甚焉。隋文帝以帝王之尊，以一已之力，在不经意间改变了茶为酪奴的历史地位。当饮茶在北方不再受到歧视，必然会有效推动茶在北方由上而下的快速传播。虽然在隋文帝之前，南朝齐武皇帝爱茶尊茶，也曾有遗诏告诫："我灵座上，慎勿以牲为祭，但设饼果、茶饮、干饭、酒脯而已。"但是，南齐偏于南国一隅，力量过于弱小，其对茶饮地位的推动力和示范作用，是无法与一统中国的隋文帝相抗衡的。

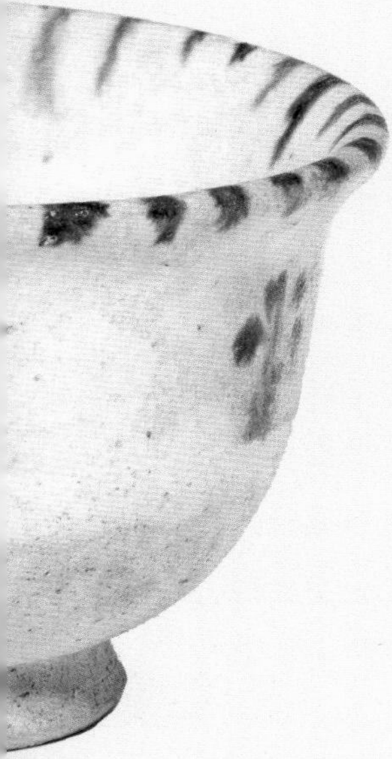

茶渐融合儒道释

自西汉至魏晋时期，
僧侣们虽然已经开始与道士、文人们清谈、饮茶，
但是，还并没有迸发出新的火花与思想。

从秦汉时期，到魏晋南北朝，在寥若晨星的文献中，茶最早是以药用的面目被记载的，但这并非是说，茶的最早发现是因药用而起。如果从逻辑上判断，茶的最初应用，一定是食在药前。西汉司马相如的《凡将篇》最早有记："乌啄桔梗芫华，款冬贝母木蘖蒌，芩草芍药桂漏芦，蜚廉雚菌荈诧，白敛白芷菖蒲，芒消莞椒茱萸。"上文中，一共罗列了 21 味中药，茶以"荈诧"之名位列其中。其后，东汉华佗的《食论》记载："苦茶久食，益意思。"我们知道，茶叶中的咖啡碱，约占茶叶干物质的 2%—5%，因此味苦而被称之为苦茶。茶饮中可溶的咖啡碱，能够使人的中枢神经系统兴奋，它与镇静安神的茶氨酸共同作用，一阴一阳，相互抑制，可使人神思闿爽，思维活跃，故能"益意思"。正因为茶叶中含有大量的咖啡碱，它既能令人不眠，又可使人神经兴奋，并具有一定的成瘾性，所以，茶饮能够借助嗜好人群的示范与影响，迅猛地在大众之间快速传播。茶的最早应用，究竟是因食用推动了茶的发展，还是因茶之药效促进了茶的传播，目前还没有足够的证据可以证实。但是，早期茶的饮用，一定是食、药并存的，并且二者是相互促进、相互推动的。在中国传统文化的思维里，中药是一个非常广阔的概念。食药同源，但在食与药之间，并没有严格的区分，只不过在不同的条件下，药用与食用存在着用量的悬殊而已。隋代，杨上善编注的《黄帝内经太素》写道："空腹食之为食物，患者食之为药物。"由此可见，皓首穷经，去考证茶到底首先是为食用还是最早作为药用，几乎是没有多少意义的，也很难找到完美的答案。

云南的古茶树局部

秦汉以降，随着中国道教和神仙方术的发展，到了魏晋时期，服石之风泛滥，而嵇康作为服药的代表，将五石散视为仙药，以此来治病、修身和养生。茶在此时，也不可避免地会受到道教与魏晋风气的影响，其功效，也渐渐地被神化和夸大。例如南朝陶弘景的《杂录》记载："苦荼，轻身换骨，昔丹丘子、黄山君服之。"壶居士的《食忌》记载："苦荼久食羽化。与韭同食，令人体重。"鉴于此，我们可以清楚地看到，茶在魏晋时期，与神仙、道教养生思想的深入结合，在较高的社会层面上，加速推动了茶饮自上而下的普及，使茶饮不仅仅满足于止渴、除烦、提神、悦志等生理层面的要求，而且在很大程度上，也满足了饮之可羽化成仙的精神追求与神奇愿望。另外，由于魏晋时期，门阀制度盛行，官吏、士族皆以夸豪斗富为美，因此，饮茶在这一奢侈糜烂的特殊时代大背景下，与儒家提倡的"俭、和"等思想，便在一定程度上产生了某些融合，由此形成的清淡饮茶之风，又逐渐演化成为生活俭朴的象征，这不仅深刻影响了唐代陆羽"茶性俭"的思想形成，而且也渐渐与人的道德、品格产生了微妙关联，对后世意识形态的影响极其深远。陆羽的《茶经》引用《晋书》有记："桓温为扬州牧，性俭，每宴饮，唯下七奠柈茶果而已。"

佛教大约是在西汉末年传入中国，僧人饮茶最早可以追溯到晋代。东晋的怀信和尚，在《释门自镜录》中写道："跣足清谈，袒胸谐谑，居不愁寒暑，食可择甘旨，使唤童仆，要水要茶。"陆羽的《茶经》引《释道该说续名僧传》称："释法瑶，姓杨氏，河东人，元嘉中过江，遇沈台真，请真君武康小山寺，年垂悬车，饭所饮茶。"从上述两则记载可以看出，自西汉至魏晋时期，僧侣们虽然已经开始与道士、文人们清谈、饮茶，但是，还并没有迸发出新的火花与思想，僧侣们的饮茶，仍停留在待客、养生或保健层面，在文人饮茶"益意思"、在门阀士族饮茶以示俭、

隋代白釉杯，
高6.6厘米，口径9.0厘米
美国芝加哥艺术博物馆藏

在道家饮茶可成仙的潜移默化影响下，到了唐代，只有当彻底中国本土化了的佛教禅宗出现以后，禅与茶的思想融合，才会成为可能。

唐代僧人道信、弘忍，上承北魏菩提达摩由印度传来的禅法，在湖北黄梅传“东山法门”，标志着中国禅宗的正式形成。六祖慧能从弘忍受法南归，在广东韶州曹溪传法，形成所谓的“南宗”。而弘忍的另一弟子神秀与其弟子普寂等人，在以东西两京为中心的北方广大地区传法，被称之为“北宗”。唐代开元年间，在山东泰山的灵岩寺，通过修禅而对北方茶的推广、普及做出重大贡献的降魔藏禅师，便是北宗派神秀的弟子。

人间相学事春茶

《茶经》问世之后，在唐代以降的诗文里，才有了对茶之色、香、味、形、韵等更多的关注和描述。

开元（713—741），是唐玄宗李隆基的年号，前后历时 29 年。唐代天宝年间进士，封演在《封氏闻见记》中写道：“开元中，泰山灵岩寺有降魔师，大兴禅教。学禅务于不寐，又不夕食，皆许其饮茶。人自怀挟，到处煮饮，从此转相仿效，遂成风俗。”降魔禅师是禅宗北宗一派神秀的弟子，北宗修禅讲究渐悟，需要“时时勤拂拭”。禅修打坐时，为了“务于不寐”，就会允许僧人饮茶提神。尔后，随着北宗禅法，在山东、河南、陕西等北方各阶层的传播，饮茶习俗从此转相仿效，推动了饮茶在北方的快速普及。如《封氏闻见记》所载：“自邹、齐、沧、棣、渐至京邑城市多开店铺，煎茶卖之，不问道俗，投钱取饮。”文中的“邹”，是今山东邹城、济宁一带；“齐”是今山东济南、淄博一带，唐代时，济南又称齐州；“沧”是今河北沧州、天津一带；“棣”为今山东无棣、惠民一带；京邑，则是指今陕西西安、河南洛阳一带。

唐代陆羽的《茶论》，大约是在安史之乱前后完稿，之后，便在民间以四幅或六幅挂图的方式争相传抄、参阅。陆羽在《茶经·十之图》中记述道：“以绢素或四幅或六幅，分布写之，陈诸座隅，则茶之源、之具、之造、之器、之煮、之饮、之事、之出、之略，目击而存，于是《茶经》之始终备焉。”

在陆羽的《茶论》（后世谓之《茶经》）不断传抄过程中，茶道大家常伯熊，大概是在《茶论》的争相悬挂、阅示阶段，对之进行广泛润色与修改的。《封氏闻见记》卷六饮茶载：“有常伯熊者，又因鸿渐之论广润

唐代环柄杯，高9.5厘米

色之。”其间，还应该存在着多人、多环节的辗转传抄、刊印等错误，才会造成今天《茶经》的版本复杂、文字讹误衍脱，甚至部分章句文理不通，乃至不知所云等问题。晚唐，皮日休在《茶中杂咏》序云：“余始得季疵书，以为备之矣。后又获其《顾渚山记》二篇，其中多茶事。后又太原温从云，武威段碣之，各补茶事十数节，并存于方册。”皮日休是湖北天门人，与陆羽是同乡。皮日休所见所记，应该是真实的历史，温从云与段碣之都曾在陆羽的《茶论》传抄过程中，补充、增订过茶事数则。

自从陆羽生人间，人间相学事春茶。陆羽的《茶经》问世、禅宗对北方饮茶习俗的推动，以及常伯熊等人的参与，使得中国内地“茶道大行，王公朝士无不饮者”，“按此，古人亦饮茶耳，但不如今人溺之甚，穷日尽夜，殆成风俗。”少数民族地区“始自中地，流于塞外”（《封氏闻见记》）。当朝野上下饮茶难舍斯须，嗜好尤甚之时，整个社会对茶的数量与品种的需求，自然会成倍增加。《封氏闻见记》对此又写道：“其茶自江淮而来，舟车相继，所在山积，色类甚多。”这说明，自秦汉以来，随着政治、经济中心递次向东南、向北方的转移，江南、淮南等茶区已崛起为中国产茶的重镇。唐代杨晔的《膳夫经手录》，也证实了这一点，其中写道：“至开元、天宝年间，稍稍有茶，至德、大历遂多，建中以后盛矣。”由此可见，所谓的“茶盛于唐”，是指茶盛于唐代中期。唐代中晚期以降，从陡然突增的茶诗与茶文数量，最能客观直白地反映出这一点。从唐德宗建中元年首次开征茶税，也能窥见茶叶生产发展之迅猛。

“茗叶，利大肠，去热解痰。煮取汁，用煮粥良。”这是世界上首部食疗专著《食疗本草》对饮茶的建议。而在公元659年，由苏敬主持编纂的中国首部药典《唐本草》中，对饮茶的主张，则是“作饮，加茱萸、葱、姜良。”虽然在唐代初期，蒸青绿茶已经诞生，但是，此时对绿茶的

唐代三彩杯，
高4.8厘米，口径8.5厘米

唐代带柄白釉杯，高4.7厘米，宽6.3厘米，口径5.1厘米

审美，可能还尚未建立。因为从孟詵的食疗专著及国家首部法定药典中，我们所看到的权威、标准的饮茶方式，仍是加入淀粉类、茱萸、葱、姜等辅料的煮饮，而茶的滋味、汤色、叶底、香气等，基本没有得到突出与体现。在《茶经》成书之前，最早写到茶香的，大概就是诗人李白，在《答族侄僧中孚赠玉泉仙人掌茶》并序中的“而此茗清香滑熟，异于他者”。而最早描写茶色的，要数岑参的“瓯香茶色嫩，窗冷竹声干”（《暮秋会严京兆后厅竹斋》）。在陆羽的《茶经》问世以后，其黄色的茶汤、隽永的滋味、至美的馨香，以及汤花的“又如回潭曲渚，青萍之始生”，“若绿钱浮于水湄，又如菊英堕于樽俎之中”，深刻地影响了后世对绿茶审美的建立。这也是为什么在《茶经》问世之后，在唐代以降的诗文里，才有了对茶之色、香、味、形、韵等更多的关注和描述的重要原因。

早期茶叶利用的朴素羹饮，决定了茶叶的采摘标准，会相对粗老些，煮出的茶汤，才不会过于苦涩和刺激。在《茶经》问世之前，很少有人关注春茶与品质的密切关联，因此，晋代《荈赋》采摘的是秋茶，郭璞记载的是“冬生叶”。当绿茶的审美建立以后，陆羽在《茶经·之造》中，首次明确提出了宜采春茶的概念，“凡采茶，在二月三月四月之间”。不仅如此，陆羽还准确点出了“火前茶”的概念。在《茶经·之略》中有记：“其造具，若方春禁火之时，于野寺山园，从手而掇，乃蒸，乃舂，乃拍，以火乾之。”火前，即明前。因为古人在寒食节，有禁火三日的习俗，三日内不能生火做饭，故称“寒食”。把清明节之前一日，定为寒食节。

当春茶可观可赏、品质最佳的观念，逐渐建立以后，唐文宗在太和七年，便废除了冬季制茶的做法。据《旧唐书》记载：“吴蜀贡新茶，皆于冬中作法为之，上务恭俭，不欲逆其物性，诏所供新茶，宜于立春后造。”从此，春茶变得越发贵重。晚唐，刘禹锡在《代武中丞谢新茶第一表》中才有“采撷至珍，自远爰来，以新为贵，捧而观妙，饮以涤烦”之语。梅尧臣在《次韵和永叔》中，才能发出“自从陆羽生人间，人间相学事春茶”之慨叹。在从此之后的诗文中，才能读到白居易的“绿芽十片火前春”，以及韩偓的“一瓯香沫火前茶”。

煎茶首开风气先

陆羽创立的煎茶方式，
主要包括：茶饼品质的鉴别、炙茶、碾茶、
罗茶、煎水、投茶、酌茶、品茶等。

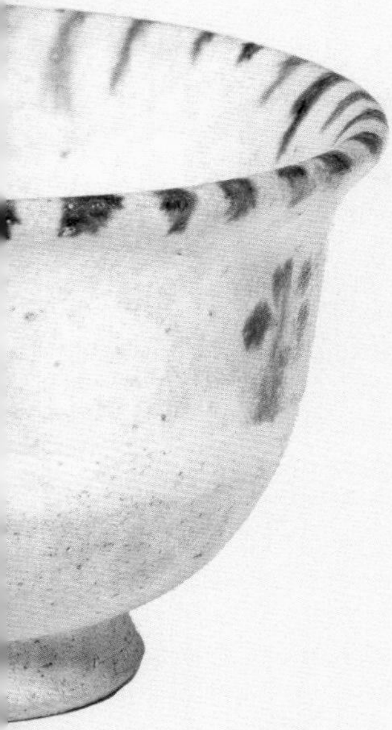

唐代越窑执壶

在陆羽的《茶经》问世之前，其饮茶方式，就存在着如《茶经》所记的“或用葱、姜、枣、橘皮、茱萸、薄荷”等混煮的羹饮，也存在“以汤沃焉”的清饮。清饮，即是《桐君录》所载的“清茗”。

陆羽着力推行的煎茶，是对西晋《荈赋》的继承和发扬。它抛弃了过去煮茶的“煮之百沸”，减少了茶在水中的浸煮时间，使唐初诞生的蒸青绿茶，基本保持着绿茶的色绿汤美。摒弃了过去煮茶所添加的淀粉类、果蔬等辅料，使茶汤不再沦为“斯沟渠间弃水耳”。

陆羽创立的煎茶模式，首先规范了煎茶用器，并旗帜鲜明地对当时的茶器和茶具，从使用功能上，做出了准确的界定与定义。陆羽把制茶所必需的19种工具，定义为茶具。把对茶的烹煮、品鉴有育化、有改善、带有精神属性的有关茶具，全部定义为茶器。

陆羽在《茶经·之器》中，详细罗列和解读了共有茶器24种，具体包括：风炉（含灰承）、筥、炭挝、火夹、鍑、交床、夹、纸囊、碾（含拂末）、罗合、则、水方、漉水囊、瓢、竹夹、鹾簋、碗、熟盂、畚、札、涤方、滓方、巾。若是再加上摆放茶器的具列，以及统贮茶器与具列的都篮，全套总共为26件。对此，在《封氏闻见记》中，封演记载得也很翔实：“楚人陆鸿渐为茶论，说茶之功效，并煎茶、炙茶之法，造茶具二十四事，以都统笼贮之。”从中可以看出，封演所记的“二十四事”，是不包括具列和都篮的。

陆羽强调的“茶之功效”，为“荡昏寐，饮之以茶”。这与开元年间

唐代邢窑渣斗或滓方，高 10.4 厘米，口径 15.6 厘米

辽代宣化墓壁画中，左侧侍女持一白釉渣斗或滓方

降魔藏禅师宣扬的“学禅务于不寐”，是基本一致的。陆羽对茶之功效的认知，是否受到了降魔藏禅师及其弟子饮茶思想的影响，尚不得而知。他受诗僧皎然“一饮涤昏寐，再饮清我神”饮茶之道的熏陶，应该是没有任何争议的。封演眼中的“煎茶、炙茶之法”，即是历史上首次由陆羽创立的系统而完善的煎茶之道。

煎茶备器：“但城邑之中，王公之门，二十四器阙一，则茶废矣。”从《茶经·之略》对茶器的严谨规定，我们能够看出，陆羽对于正规场合的茶事活动，其规范用器与礼仪的要求，还是非常严格的。他对于日常的休闲茶席，仍会因陋就简，因地制宜，灵活处理，并没有求全责备。在对待茶釜与茶碗的选择上，陆羽着墨较多。他从实用美学和功能上，对茶器进行了详细的探讨和解读。我们仅从《茶经·之器》一文引用的“酌之以匏”“器择陶拣”等，就能明显读出，杜育的《荈赋》精义，对陆羽择器思想的影响至深。

茶器的精美与完备，虽然是煎茶所需的基本仪轨与世俗要求，但是，我很同意扬之水先生的独特视角，她在《两宋茶事》一文中指出：“《茶经》最有意味的文字，却在卷下《九之略》。”“欲知花乳清泠味，须是眠云跂石人。”饮茶重在闲雅，茶烟轻飏，彰显的是品茶的心境和山林之致。“若方春禁火之时”，“若松间石上可坐”，“若瞰泉临涧”，“若援藟跻岩”，省略掉的不仅仅是茶器，还有那些让人心生烦劳的繁文缛节。故扬之水先生说：“《茶经》凡不可略者，皆是为俗饮说法，唯此之可略，方是陆子心中饮茶之至境，此便最与诗人会心，其影响至宋而愈显。”

择水：“其水，用山水上，江水中，井水下。其山水，拣乳泉石池慢流者上。”陆羽推崇的“山水上”，是指“拣乳泉石池慢流者上”，而非一般意义上的山泉水。它是指经过充分自然过滤且饱含二氧化碳的硬度较低、相对纯净的山泉水。水中的离子和杂质含量较低，才会有助于茶的香气、滋味、汤色、气韵的充分表达。“其江水，取去人远者。井，取汲多者。”江水和井水，并非不可用于煎茶、泡茶，其前提要求，首选水质纯净与水体新鲜的。田艺蘅在《煮泉小品》中引用的“鸿渐有云：烹茶于所产处无不佳，盖水土之宜也”，此诚妙论，但是，这句话却是出自唐代张又新所撰的《煎茶水记》。文中述称陆羽口授李季卿的“二十水论”，是引于元和九年，张又新在长安荐福寺看到楚僧携来的《煮茶记》所载。

用火：“其火，用炭，次用劲薪。其炭曾经燔炙，为膻腻所及，及膏木、败器不用之。”苏轼诗云：“活水还须活火烹。”活火，即是有焰之火、烈火。唐代赵璘在《因话录》中说：“茶须缓火炙，活火煎。活火，谓炭火之焰者也。”焙茶，宜用慢火，以降低茶叶的焦糖化倾向，减少香气的散逸。煎水必须用热值高的烈火，使水迅速沸腾，减少水中气体的挥发，保持水质的鲜冽度，有利于香气的发挥及茶汤滋味的改善。

候汤：“其沸，如鱼目，微有声为一沸；缘边如涌泉连珠为二沸；腾波鼓浪为三沸，已上，水老不可食也。” 较之过去的“煮之百沸”，陆羽的煎茶技法，其精细程度已经达到了较高水平。此处的“沸”，是指水的波动状态。腾波鼓浪的三沸，才是水开后的真正沸腾，于此不可望文生义。由于过去无法准确测量水温，陆羽便很用心地把煎水过程，分为三个阶段：一沸，是为了加盐，调其鲜味，维持末茶的鲜绿；二沸，是为了取出一瓢热水，待水开后育华止沸。同时，在二沸（水温大约85℃左右）适时量入茶末。陆羽为什么会选择在二沸时加入茶叶？首先，85℃左右的水温，可以钝化茶中残余的多酚氧化酶，防止茶中多酚类物质的氧化，有效降低了茶汤与茶末的氧化红变率。其次，与过去的煮茶相比，有效缩短了茶与水的混合煎煮时间，减轻了茶与茶汤的氧化程度，降低了茶汤的苦

唐代《煎茶图》

辽代《煮水点茶图》

元代《点茶图》

明代 王问《煮茶图》

五代越窑青瓷碗

涩度。尽管陆羽煎茶考虑得如此缜密，但是，煎出的茶汤，还是“其色缃也”。为了降低茶与茶汤的淡黄（淡红）色，陆羽在选择茶器时，提出了“碗，越州上”，因为，越瓷青而衬托遮掩得其茶色绿，故陆羽强调“青则益茶”。我们今天的绿茶制作，技术成熟，杀青透彻，在冲泡过程中，茶与水的混合时间又较短，其氧化程度可以忽略不计，故外观绿、叶底绿、汤色黄绿。

酌饮：“凡煮水一升，酌分五碗，乘热连饮之。”陆羽告诫大家，不要喝冷茶。茶汤凉了，不仅香气和滋味会变差，而且会如唐代医学大家陈藏器所言“冷则聚痰”。因此，饮之宜热。当然，茶汤也不能入口太热。因为人的口腔、食管和胃黏膜，能够忍受的最高温度为60℃，超过此温度，就会容易烫伤消化系统的黏膜组织。在行茶时，还要根据茶的品质和人数，去规范饮茶的碗数与礼仪。

品赏：陆羽从茶的制作，到择水、备器；从炙茶、煎茶，到分茶、品饮等，一改过去饮茶的粗糙，把此前滋味多样的吃“茗粥”，升华为气息较为纯正的“啜苦咽甘”，开品茶风气转折之先，整个过程既建立了诉诸感觉的审美，又不乏诉诸理性的艺术表达。但是，也要清醒地看到，陆羽所生活的时代，正处在一个由粗放煮茶向精细煎茶的过渡时期，煎茶中合理的“调之以盐味”，可能会改善那个时代茶汤的色泽或鲜味，倘若以今天的视角来看，陆羽仍没有彻底摆脱唐代以前饮茶旧俗的窠臼。

综上所述，陆羽创立的煎茶方式，主要包括：茶饼品质的鉴别、炙茶、碾茶、罗茶、煎水、投茶、酌茶、品茶等。

点茶更宜众乐乐

只要存在着散茶、粗茶，在民间，就一定存在着最简单易行的撮泡法。

晚唐，皮日休在《茶中杂咏并序》中总结道："自周以降，及于国朝茶事，竟陵子陆季疵言之详矣。然季疵以前称茗饮者，必浑以烹之，与夫瀹蔬而啜者，无异也。"皮日休对《茶经》问世之前的饮茶方式，讲得有些夸张了。在陆羽推崇煎茶之前，其饮茶方式，确实是以煮茶为主，茶汤内需要添加某些辅料，故皮日休形容为"瀹蔬而啜"，并且这一饮法影响至今，也就是陆羽所讲的"习俗不已"。民间很多生活习惯的形成，皆有其成因与合理性，并非靠一人之力或一朝一夕就能够改变的。唐代中期，李繁在《邺侯家传》中记载："皇孙奉节王煎茶，加酥椒之类，求泌作诗，泌曰：'旋沫翻成碧玉池，添酥散作琉璃眼。'"奉节王，即是唐代第九位皇帝唐德宗。晚唐时，樊绰在《蛮书》中写道："茶出银生城界诸山，散收，无采造法。蒙舍蛮以椒、姜、桂和烹而饮之。"蒙舍，即今云南巍山、南涧县一带。

在唐代包括之前，煮茶法与泡茶法，其实是并列存在着的。陆羽在《茶经·之饮》中写道："饮有粗茶、散茶、末茶、饼茶者，乃斫，乃熬，乃炀，乃舂，贮于瓶缶之中，以汤沃焉，谓之痷茶。"痷通"淹"在此处可引申为痷茶，即是以水泡茶。先在瓶缶中投茶，其后注水，可视为是撮泡法的源头。"瓶缶"，是指盛液体的瓦器，小一点的缶，也叫瓶。瓶缶，其实就是腹大口小的汤瓶，只不过在此时，可能还没有增加持拿的把或柄以及出水的流口等。三国末年出现的鸡首壶，大概是由盛水或者酒液的瓶缶演化而来的。因为最早设计的鸡首壶，只是在瓶口或瓶肩部位对称地贴有鸡首与鸡

北宋赵佶《文会图》局部

尾，目的是为装饰之用，鸡首实心，不通壶腹，也不能用于倾注。

到了南宋，饮茶的撮泡法，已经见于记载。陆游在《安国院试茶》诗后自注：“日铸则越茶矣，不团不饼，而曰炒青，曰苍鹰爪，则撮泡矣。”这就意味着，我们今天盛行的茶的冲泡法，其实在民间是一直顽强地存在着的，只不过少见于记载罢了。在世界上，只要存在着散茶、粗茶，在民间，就一定存在着最简单易行的撮泡法。而民间的撮泡法，也必定存在着清饮与碗中着果的两种饮用形式。

喜新厌旧是人的本能。当煎茶普及、发展到一定程度，当人们对茶汤的审美，提出更高要求的时候，创新出不同的玩法与规则，则是必然的规律。反者，道之动。既然煎茶可以先煎水后投茶末，那么，为什么不能先投茶末、再注入煎沸的水呢？而且会搅拌得更加均匀，也容易控制茶汤的浓度与色泽。当煎水与投茶末的先后次序，轻易地颠倒一下，点茶技法便顺理成章地诞生了。当然，这只是一种大概的猜测，后文对此还有详述。

个人以为，推动点茶发展、成熟的根本缘由，仍在于历代的贵族、文人等，对乳花浮盏之美的执念难忘。从成书于东汉至三国年间《桐君录》的“茗有饽，饮之宜人”，到西晋《荈赋》所谓的“焕如积雪，晔若春敷”，古人们最关注的还是煮茶或煎茶所形成的汤花。陆羽在《茶经》中，为了充分表达煎茶的“华之薄者曰沫，厚者曰饽，细轻者曰花”，在二沸时“以竹筴环激汤心”，在分茶时“凡酌，置诸碗，令沫饽均”，无不是为了保持沫饽的美丽如初。但即便如此，在分茶时，也难免会造成沫饽的破裂，影响“重华累沫，皤皤然若积雪耳”的视觉审美。鉴于此，为了保持沫饽的完整性，就要煎水于汤瓶，在一个固定的盏中调膏、冲点、击拂，避免酌分茶汤，便可“一碗分来百越春”。

煎茶，是以竹筴搅拌汤心、量茶末入二沸之水，动作幅度较小，偏于安静，人们能够跪着或坐着煎茶，故适于知己清谈、细品慢啜。从点茶的技法审视，点茶重在击拂，动作幅度较大，点茶人需要站立操作，侧重表演，可以绰约的风姿及过人的技巧示人，有炫技、炫耀的因素在内，故适于宴会、雅集，与众乐乐。

隋末，天下群雄并起。公元617年，唐国公李渊于晋阳起兵，次年称帝，建立唐朝，定都长安。公元878年，爆发的轰轰烈烈的黄巢起义，破坏了唐朝的统治根基，使残存的门阀士族“丧亡且尽”。公元907年，朱温篡唐，唐朝覆亡。自此进入了混乱的五代十国时期。

晚唐至五代时期，苏廙所著的《十六汤品》，证实了点茶技艺的存在。所谓“十六汤品”，即是“煎以老嫩言者，凡三品；注以缓急言者，凡三品；以器标者，共五品，以薪论者，共五品。”在该书中，开篇便强调了“汤者，茶之司命，若名茶而滥汤，则与凡末同调矣”。在该文献中，苏廙把影响着茶汤优劣的诸多因素，形象地细分为十六个品类。从候汤的老嫩、注水的缓急、茶器的材质、薪炭的种类等四个方面，重点阐述了点茶的要领与禁忌。《十六汤品》虽为点茶之作，但在技法上，还是能够明显看出，它是对陆羽的《茶经》“之器”“之煮”“之饮”等篇章煎茶精髓的继承。

从第五品的“茶已就膏，宜以造化成其形”可知，在点茶前，要先把盏中罗过的茶末，以水调成茶膏。其“造化”，即是对注水的精准把控。从第六品的“且一瓯之茗，多不二钱，若盏量合宜，下汤不过六分”，能够计算出，在唐末点茶，茶末投量小于8克（唐代每两的平均值，大致为42.798克），而注水量大约为茶瓯容量的60%。如果按照《茶经》记载的茶瓯的容量，“受半升已下”，那么，此时点茶的注水量，大约是在300毫升左右。

宋代磁州窑茶盏，
高 4.8 厘米，口径 15.5 厘米

在第十一品中："无油之瓦，渗水而有土气。虽御胯宸缄，且将败德销声。谚曰：'茶瓶用瓦，如乘折脚骏登高。'"用无釉陶器点出的茶汤，苏廙形容为是"减价汤"。我们知道，陶器与瓷器相比，陶器的烧结温度相对较低，不仅土腥味较重，而且材质疏松又不挂釉，故易吸附茶的香气，这会严重影响到茶的香气、滋味的准确表达。第九品："贵厌金银，贱恶铜铁，则瓷瓶有足取焉。幽士逸夫，品色尤宜。岂不为瓶中之压一乎？"瓷器如玉，适宜于幽人逸士，这种清雅淡远的择器审美，一直影响至今。茶器自古"贱恶铜铁"，是因为铜臭铁腥，会造成"是汤也，腥苦且涩。饮之逾时，恶气缠口而不得去"。虽然苏廙深知"汤器之不可舍金银，犹琴之不可舍桐，墨之不可舍胶"，但是，如陆羽《茶经》中所云："用银为之，至洁，但涉于侈丽。"故把用金银器煎水，称之为富贵汤。苏廙的这种思想，到了北宋，又被蔡襄和宋徽宗发扬光大。蔡襄在《茶录·汤瓶》中曰："黄金为上，人间以银、铁、或瓷、石为之。"宋徽宗在《大观茶论·瓶》中亦云："瓶宜金银。"

点茶，需要调膏、击拂，必然会用到茶匙；点茶要求注水流线准确有力且收发自如，故高肩长流的汤瓶，成为择器的必选；而击点茶汤呈现出的汤花水脉、云头雨脚，需要在视野开阔的茶器中去辨析、赏鉴，因此，在唐代便于持捧的茶瓯，由此演化成为口大足小、线条极简的斗笠茶盏。茶匙、汤瓶、茶盏的组合现身，意味着别开生面的点茶技法，已经趋于成熟和完善。

晚唐、五代至宋初，陶穀在《清异录·茗荈》中，分别记载了"生成盏""茶百戏""漏影春"等。我们今天读到的《荈茗录》，实为其著作《清异录》里的一个篇章。

《荈茗录》的"生成盏"条记："馔茶而幻出物象于汤面者，茶匠通

南宋刘松年《撵茶图》局部

神之艺也。沙门福全生于金乡，长于茶海，能注汤幻茶，成一句诗。并点四瓯，共一绝句，泛乎汤表。小小物类，唾手办耳。檀越日造门求观汤戏，全自咏曰：‘生成盏里水丹青，巧画工夫学不成。却笑当时陆鸿渐，煎茶赢得好名声。’”文中的点茶四“瓯”，又以“盏”名，尚能窥见，唐代的茶瓯，从功用、器型、审美等方面，正在向点茶专用器皿茶盏转变。因为生成盏里的“水丹青”，即注汤、搅拌形成的茶汤泡沫所形成的物象，需要放大、清晰地呈现，故对茶盏的造型，便有了视觉上的特殊要求。

“茶百戏”条记：“茶至唐始盛。近世有下汤运匕，别施妙诀，使汤纹水脉成物象者，禽兽虫鱼花草之属，纤巧如画。但须臾即就散灭，此茶之变也，时人谓之‘茶百戏’。”作者陶穀（903—970），字秀实，历仕后晋、后汉、后周及北宋。开宝三年卒，年六十八岁。文中的“近世”，大约是指唐末至五代之间。通过注汤、运匕、击拂、搅匀茶汤，茶末与泡沫交汇融合，汤纹水脉便会形成幻化的物象，即是时人称谓的“茶百戏”。但是，其所形成的纤巧如画的物象，会随着泡沫的破裂而须臾散灭，由此可见，点茶真正呈现出的茶百戏的物象，是由击拂形成的汤花沫饽使然，而非像今天的咖啡拉花一样，利用两种颜色的对比而刻意勾勒出的文字与图案。

“漏影春”条记：“漏影春法，用镂纸贴盏，糁茶而去纸，伪为花身。别以荔肉为叶，松实、鸭脚之类珍物为蕊，沸汤点搅。”从此条记载来看，漏影春的做法比较简单，它是先以漏影作画，然后再在所成植物的叶与花蕊里，依形添加一些可以食用的非茶类蔬果，待大家欣赏完毕之后，再以沸水冲点，而后全部吃掉。

综上所述，生成盏与茶百戏，是从属于点茶游戏里的一种特殊玩法的

唐代执壶

宋代执壶

两种称谓，以炫耀、观赏为主。而漏影春，则类似于春闺用以消遣取乐的花草茶、果子茶等。三者皆以其娱乐性且迥异于常规的点茶，而被陶穀收录于《清异录》中。

那么，流行于宋代的常规点茶，又是怎样的呢？北宋皇祐三年（1051），蔡襄为答复仁宗皇帝“以建安贡茶并所以试茶之状”，造《茶录》两篇上进。蔡襄著《茶录》的目的，他在序言中讲得很清楚，首先是“昔陆羽茶经，不第建安之品”，其次是“丁谓茶图，独论采造之本，至于烹试，曾未有闻”。这说明在北宋时期，点茶技法虽然已在民间诞生，但是，关于贡茶的烹试之法，其基本审美与系统规范的操作技法，仍尚未确立或成熟。于是，蔡襄才为之著述《茶录》，提出了许多实用且前无古人的观点，弥补了陆羽《茶经》、丁谓《茶图》的缺憾之处，为宋徽宗写就《大观茶论》奠定了基础，二者共同成为了解宋代点茶技法与审美的重要典籍。

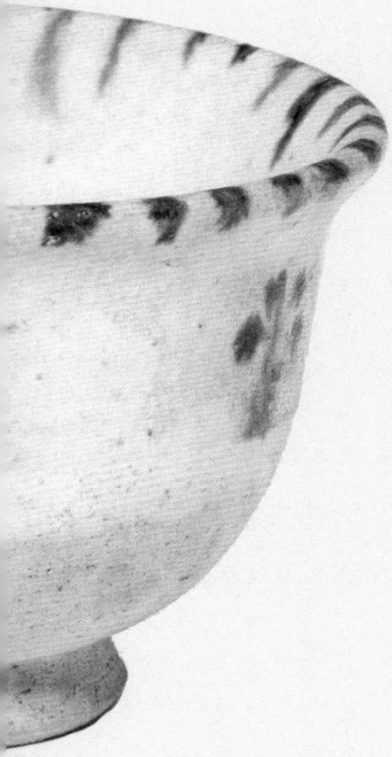

《茶录》奠定宋审美

蔡襄在《茶录》里，首次提出了所点之茶的『茶色贵白』，迥异于唐代的以茶色青绿为美，这种茶色以白为贵的宋代审美，一直影响到明末。

蔡襄在《茶录》里，规范了点茶的程序，其主要包括：备器、择水、炙茶、碾茶、罗茶、候汤、熁盏、点茶等。由于点茶斗的是咬盏或云脚不散，如蔡襄所言："著盏无水痕为绝佳"，这就要求，经过碾罗的茶末颗粒，要尽可能的细腻，还必须增加茶汤搅拌的力度，使茶末与水形成水乳交融的胶体状态，因此，相对于唐代的煎茶，在点茶过程中，对茶碾、茶罗、茶匙等茶器提出了更高的要求。

不惟如此，蔡襄在《茶录》里，首次提出了所点之茶的"茶色贵白"，迥异于唐代的以茶色青绿为美，这种茶色以白为贵的宋代审美，一直影响到明末。待茶的壶泡法与撮泡法兴盛以后，始又复原唐代以茶色青翠为佳的标准。蔡襄为什么要把茶色白居为首位，而把"茶有真香""茶味主于甘滑"居于次位呢？从根本上讲，蔡襄开创的点茶法，首先是以玩赏为主，带着浓重的游戏色彩，如同时代的范仲淹在《和章岷从事斗茶歌》中所述："北苑将期献天子，林下雄豪先斗美。"其次，是为了表达茶汤乳花的"视其面色鲜白"。由此可知，茶色白与茶之白色沫饽，容易形成浑然一体的焕如积雪的汤花效果，如果仅从视觉上审视，它是要优于茶色青翠与白色沫饽所形成的色彩斑驳的汤花效果的。宋代项安世的"自瀹霜毫爱乳花"以及陆游的"茶分细乳玩毫杯"，强调与侧重的也是对汤花的玩赏。

为了能够清晰鉴别与细究点茶的胜负，尚需借助茶盏釉水的黑色，去衬托一盏茶的汤花之白，故蔡襄写道："茶色白，宜黑盏，建安所造者绀

南宋油滴盏，高 7.5 厘米，口径 12.2 厘米
日本大阪市立东洋陶瓷美术馆藏

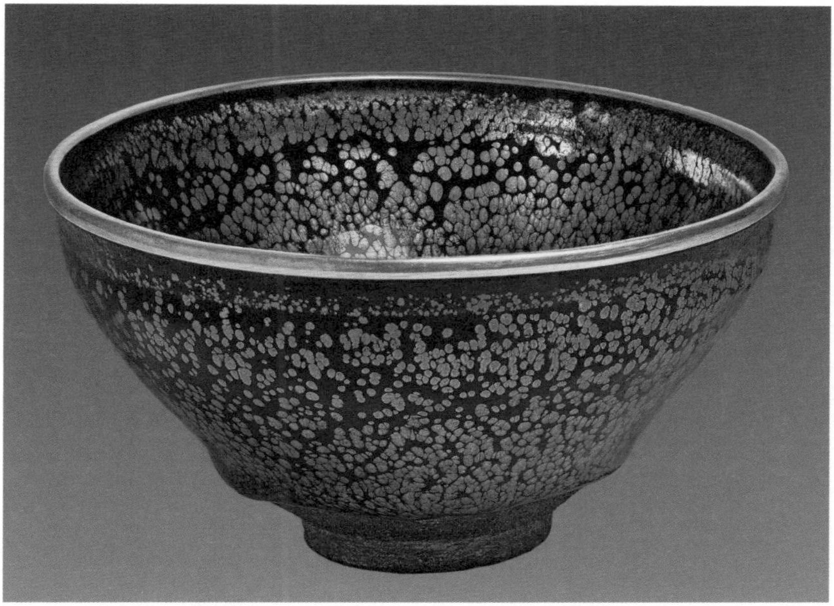

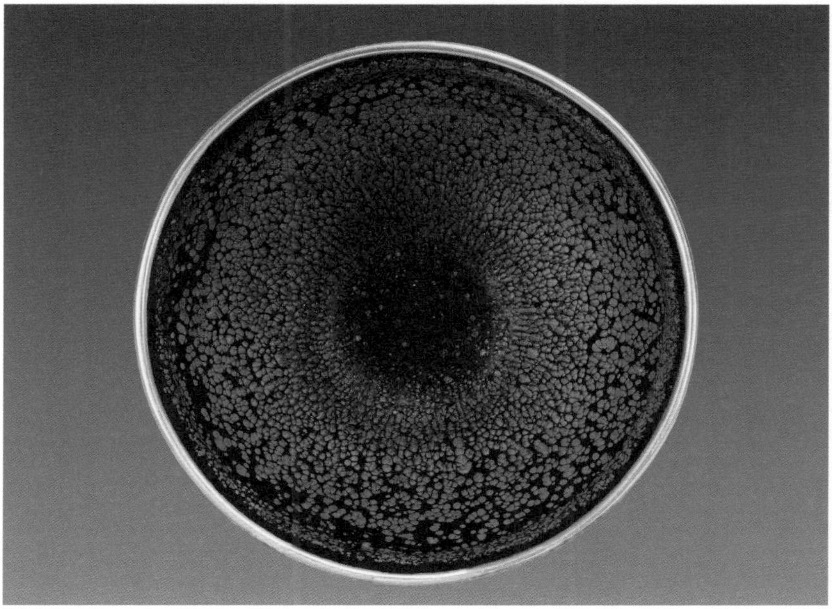

黑，纹如兔毫，其坯微厚，熁之久热难冷，最为要用。”与此同时，因胎厚笨拙、含铁量高且一直贱为民用的黑褐色茶器，开始粉墨登场。彼一时，此一时也，浴火涅槃雀变凤。因点茶审美的跳跃式骤变，使得唐代陆羽主导的青瓷益茶，突然变为黑瓷宜茶了。为了视觉上的扩大及回环击拂的需要，在唐代广为使用的茶瓯，也革新、改变为适于斗茶的斗笠茶盏。

到了大观元年（1107），宋徽宗撰写《大观茶论》时，便把茶之“味”，调整到了斗茶的首要位置。“夫茶，以味为上。香甘重滑，为味之全。惟北苑壑源之品兼之。”（《大观茶论》）文中的“茶有真香”，是对蔡襄《茶录》的承袭。然后才是“点茶之色，以纯白为上”。宋徽宗对茶之“味、香、色”的排序，看似与蔡襄“色、香、味”的排序稍有不同，实则所表达的内涵，却是差之千里的，其中攸关着赏茶与品茶的区别，攸关着宋代茶叶审美观念的重大改变。

“夫茶，以味为上。香甘重滑，为味之全。”好茶，五味调和。品茶，应该重味以求香，在茶汤内寻找茶的香、甘、重、滑，而不可为茶叶的外观与浮香所迷惑。这说明，宋徽宗是真正的茶中知己，寥寥数言，便抓住了品茶的关键与核心，此论对后世影响深远。

在对待茶香上，宋徽宗说：“茶有真香，非龙麝可拟。”由于宋代的贡茶，采得过早过嫩，兼以压榨、研膏等过度的加工因素，导致了宋代所贡之茶的香气、滋味欠佳，如蔡襄所记：“而入贡者，微以龙脑和膏，欲助其香。”当宋徽宗认识到当时的贡茶，不得已添加香料以助香之后，便在宣和初年，毅然决然地严令，贡茶不再添加龙脑等香料。熊蕃在《宣和北苑贡茶录》中，对这段历史做了明确的记载：“初，贡茶皆入龙脑，至是虑夺真味，始不用焉。”

我们若是再放眼瞭望一下宋代的饮茶历史，便会发现，宋代对茶色的

宋代黑褐色兔毫茶盏，
高 5.5 厘米，口径 11.5 厘米

审美，并不都是以白为贵。

北宋景祐元年（1034），范仲淹在《和章岷从事斗茶歌》中写道："黄金碾畔绿尘飞，碧玉瓯中翠涛起。"这说明，当时碾碎的茶末是翠绿的，点茶的器具是色彩碧绿的或是青瓷，而点出的茶汤亦是苍翠色的。此时斗茶，斗的是"斗茶味兮轻醍醐，斗茶香兮薄兰芷"。这表明，宋代中早期的斗茶，比拼的还是茶的滋味与香气，茶色仍然延续了唐代以茶色青翠为佳的标准。在五代，郑邀《茶诗》的"惟忧碧粉散，常见绿花生。最是堪珍重，能令睡思清"，其审美与北宋早期也是吻合的。

大约在十五年以后，蔡襄在皇祐三年（1051），为仁宗皇帝撰写《茶录》两篇，把"茶色贵白"的建茶，此前"曾未有闻"的烹试之法，"进呈仁宗御览"，从此之后，随着建茶的快速崛起，建茶的先斗茶色、次斗着盏水痕的理论体系逐步建立，尔后斗茶的鉴赏，从以味觉和嗅觉为主，逐步转向以视觉为主，味觉和嗅觉为辅。

蔡襄在《茶录》中写道："建安斗试，以水痕先者为负，耐久者为胜，故较胜负之说，曰相去一水、两水。"宋代斗茶，相差的一水、两水，指的是末茶在加工过程中的水次，其实也是茶的研磨等级之谓。水次越多，则说明茶末加工的颗粒度越细，越细则茶色越白，越细则茶末与水搅拌融合后，更容易形成胶体状态，才会"著盏无水痕"，即乳花浮盏久长、咬盏耐久。《建安志》云："水取其多，则研夫力盛而色白。"这也充分证明，在北宋庆历年间，蔡襄担任福建转运使时，北苑贡茶不类唐时贡茶的仅仅是"蒸罢热捣"，在蒸后尚需榨汁，用冷水研磨。南宋赵汝砺的《北苑别录》记载："研茶之具，以柯为杵，以瓦为盆，分团酌水，亦皆有数。上而胜雪、白茶以十六水，下而拣芽之水六，小龙凤四，大龙凤二，其余皆十二焉。自十二水以上，日研一团。自六水而下，日研三团，至七

山中荒野变异的白叶茶

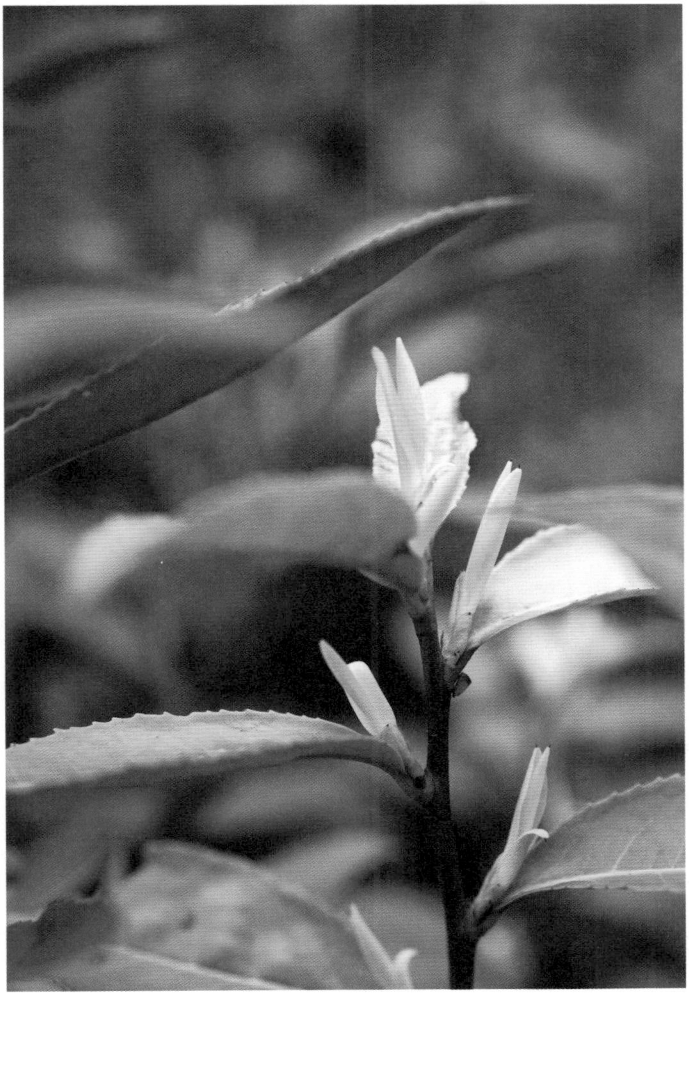

团。每水研之，必至于水干茶熟而后已。”使用木杵研磨茶膏，大约发源于晚唐，可能是与点茶工艺相伴而生的。唐末五代，毛文锡在《茶谱》里，记载了多地所产的研膏茶，例如：“衡州之衡山，封州之西乡，茶研膏为之，皆片团如月。”“袁州之界桥，其名甚著，不若湖州之研膏、紫笋”，“蒙顶有研膏茶，作片进之。”梅尧臣《答建州沉屯田寄新茶》诗有：“春芽研白膏，夜火焙紫饼。”

大观元年（1107），宋徽宗著《大观茶论》，在蔡襄茶色青白为上的认知基础上，提出了“点茶之色，以纯白为上真，青白为次”。熊蕃在《宣和北苑贡茶录》中写道：“至大观初，今上亲制《茶论》二十篇，以白茶与常茶不同，偶然生出，非人力可致，于是白茶遂为第一。”熊蕃督造过北苑团茶，见识过北苑贡茶之盛。熊蕃所记的“白茶遂为第一”，即是宋徽宗《大观茶论》所赞美的“白茶自为一种，与常茶不同。其条敷阐，其叶莹薄。崖林之间，偶然生出，盖非人力所可致。正焙之有者不过四五家，生者不过一二株，所造止于二三銙而已。芽英不多，尤难蒸焙；汤火一失，则已变而为常品。须制造精微，运度得宜，则表里昭澈，如玉之在璞，他无与伦也。”宋徽宗称颂“白茶遂为第一”，不见得是从茶的品质上来考量的。因为叶色纯白的茶，几乎不含有叶绿素，其滋味必然是寡淡无味的。对此，宋子安在《东溪试茶录》中讲得比较客观：“一曰白叶茶，民间大重，出于近岁，园焙时有之。地不以山川远近，发不以社之先后。芽叶如纸，民间以为茶瑞，取其第一者为斗茶，而气味殊薄，非食茶之比。”宋子安推崇的食茶上品，是叶厚而圆状如柑橘叶样的茶树。这与我们今天对茶的科学认知，基本是一致的。相反，蔡襄推崇的“茶色贵白”，指的是叶色青白，也不是纯白，“青白者，受水鲜明”，这能够充分证明，蔡襄对茶的了解更为全面，认知上更胜一筹。因为我们知道，春茶的叶色白中泛青，多为低温下叶绿素缺失产生的变异现象，高氨低酚，鲜香怡人，滋味清雅，淡中有味。从宋徽宗创造性地提出的“夫茶以味为上”，能够窥见，宋徽宗也绝对是顶尖的懂茶之人，他所珍视的茶色纯白，估计更多追求的是一种自命不凡、人无我有的稀缺性。从宋徽宗传世书画作品的“一人”画押，我们能够看出，他作为一位满怀盛世清尚的北宋皇帝，作为一名冠绝古今的艺术大家，虽然除了治国不行，其他却是样样在行。

为使茶汤“调如融胶”，“结浚霭、结凝雪”，“乳雾汹涌，溢盏而起，周回凝而不动”。为了得到更细腻、更稠厚、更雪白的汤花，宋徽宗不仅亲手调茶，发明出七汤点茶法，而且也摒弃了蔡襄提倡的金属茶匙，开始重用竹作的茶筅。宋徽宗选择的茶筅，要以生长多年的箸竹为材，而且茶筅的身骨，要厚重壮实。筅扫的竹丝，要求疏朗而有劲道。其端面需形如剑脊，能够刺破较大的泡沫。比宋徽宗稍晚一点的北宋诗人韩驹（1080—1135），在《谢人寄茶筅子》一诗中，也基本讲清了茶筅的竹制材质以及功用。其诗云：“立玉干云百尺高，晚年何事困铅刀。看君眉宇真龙种，犹解横身战雪涛”。

欧阳修在《尝新茶呈圣俞》诗有：“停匙侧盏试水路，拭目向空看乳花。”梅圣俞在《次韵和永叔尝新茶杂言》诗中和道：“石瓶煎汤银梗打，粟粒铺面人惊嗟。”这说明在北宋嘉祐三年（1058），文坛领袖欧阳永叔和梅圣俞，仍在使用金属茶匙点茶。大观年间（1107—1110），宋徽宗开始启用茶筅点茶，“手轻筅重，指绕腕旋”，这说明，茶筅在宋代的广泛使用，不会早于1107年。此后至南宋的点茶，基本是以竹制茶筅为主。

点茶消亡是必然

元代初始又废除了科举制度，使得汉族文人的收入与社会地位迅速下降，当时有九儒十丐之说，在此窘境下，曾由文人雅士推动并偏重闲赏与娱乐的点茶，必然会『无可奈何花落去』。

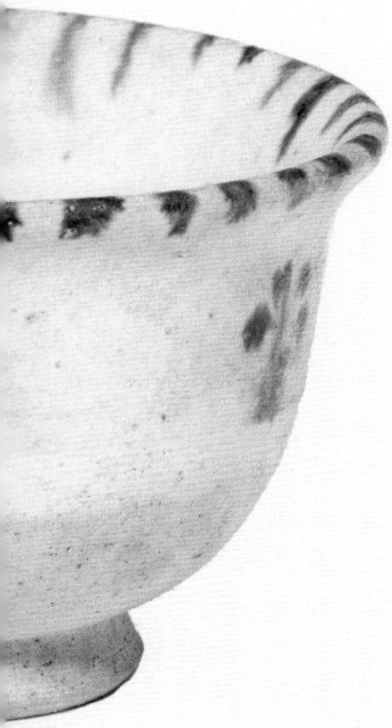

茶兴于唐而盛于宋。无论在哪个时代，凡是当地有名的产茶区，几乎都会以茶进贡。而历史上所有的贡茶，皆是从初期的民贡肇始，尔后逐步过渡到官焙贡茶阶段的。从本质上看，贡茶制度是针对茶农的一种变相的税制。从业者在受压迫、受盘剥的同时，也会带来制茶技术的改进与提高。

唐代大历五年（770），在浙江长兴县顾渚山兴建的督造顾渚紫笋茶的大唐贡茶院，成为有史可考的最大的贡茶加工厂。在贡茶制作的过程中，由“刺史主之，观察使总之”，从而使唐代贡茶的加工水平，一举达到了历史巅峰。而此时福建地区的建安茶，由于“山川尚闭、灵芽未露”，故“陆羽《茶经》、裴汶《茶述》，皆不第建品”。大约从北宋初期至南宋中期，年平均气温开始逐渐下降，宋代进入了中国气象史上的第三个寒冷期。于是，贡茶的制作中心，不得不南移到更温暖的福建地区，从此才逐步确立了以建安为中心的宋茶官焙加工体系，故《宣和北苑贡茶录》记载：“考茗饮盛于唐，至南唐始立茶官，北苑所由名也。至宋而建茶遂名天下。”

点茶，最早起源于建安地区的民间斗茶。而民间的斗茶，又称茗战。宋代的民间斗茶，如同我们今天对茶类的审评一样，最初是斗茶的青翠、斗茶的香气和滋味。在不同的茶类之间，一决品质的优劣、高下。当建茶一举成为宋室贡茶之后，在蔡襄的挖掘和引领下，开始偏重于斗茶之色泽。于是，宋代的点茶，渐渐发展成为官宦、文人们点试蜡面茶的一种偏重玩赏、炫耀的技法。尤其是到了大观年间，在宋徽宗的推波助澜下，上

宋代磁州窑茶盏与盏托

至帝王将相，下到贩夫走卒，以致出现“争新斗试夸击拂”“风俗移人可深痛”的不堪局面。随着斗茶之风的日渐炽盛，盛况空前，同时也滋长、暗潜着亡国之祸患。

北宋，林逋诗云：“人生适意在所便，物各有产尽随天。”宋代点茶的消亡，从根本上讲，首先是过分矫揉造作的研膏末茶，违背了茶性与制茶原理。宋代对点茶、斗茶的尚白，就需要在工艺上“蒸芽必熟，去膏必尽”等（《东溪试茶录》）。凡此种种的过度加工环节，必然会造成对茶的色、香、味、形、韵的损害。违背了茶叶自然属性的研膏末茶，在任其发展的历史进程之中，势必也渐渐具足了自我否定的力量。宋代茶的发展，虽然经过了皇帝赵佶不遗余力的推动，进入了极盛阶段，但是，盛极必衰，当宋代的财政与消费，无法承受对茶“采择之精”与“莫不咸造其极”的畸形追求之时，点茶与斗茶，便失去了前进的基础和动力，这是符合事物发展的必然趋势的。其中缘由，被明代田艺蘅在《煮泉小品》中一语道破：“茶之团者片者，皆出于碾铠之末，既损真味，复加油垢，即非佳品，总不若今之芽茶也。盖天然者自胜耳。”其次，在宋代灭亡以后，元代初始又废除了科举制度，使得汉族文人的收入与社会地位迅速下降，当时有九儒十丐之说，在此窘境下，曾由文人雅士推动并偏重闲赏与娱乐的点茶，必然会“无可奈何花落去”。最后，元代茶叶揉捻工艺的发明与推行，也是点茶湮灭的重要原因。当茶叶经过适度揉捻之后，在浸泡的过程中，茶叶的内含物质相对更易析出。当简便易行的撮泡法，成为主流的饮茶方式之后，团茶及其相伴的点茶与煎茶的式微衰亡，自然也是最合乎情理的历史必然。

尽管到了明代早期，宁王朱权撰写的《茶谱》，仍在推崇宋代的点茶模式，力图接续宋代的美学精神，但这一切，都已是强弩之末、明日黄花

明代宣德『坛』字纹盏，高 5.4 厘米，口径 10.7 厘米

了。由于朱权是在力避皇权之争，借茶韬光养晦，却难掩激愤与清傲之心，于是，才会“举白眼而望青天，汲清泉而烹活火”，崇新改易，自成一家。朱权颇为自许地自成一家，也不过是旧调重弹，萧规曹随。

洪武二十四年（1391）九月，明太祖朱元璋以沿袭宋代制团茶劳民伤财为由，下旨“罢造龙团，唯采芽已进”，自此，龙团凤饼遂成为历史绝唱。与此同时，宁王朱权在借明太祖废团改散的东风下，崇新改易的更多的是一种“励志清白”的精神。这种精神，可视为是对宋徽宗在《大观茶论》中所倡导的“盛世之清尚”的继承。朱权于是“会茶而立器具”，首先废弃了此前黑褐色的建盏与淦窑，开始推崇景德镇生产的白瓷，因为白瓷“注茶清白可爱”。从唐代到明代，文人雅士们对茶之色泽的审美，在绕了一个大圈之后，又重新回到唐代的茶色以青翠为上。虽然朱权在《茶谱》里写道：“然天地生物，各遂其性，莫若叶茶，烹而啜之，以遂其自然之性也。”在冲点时，直接碾叶茶为末，置于磨令细，以罗罗之，“量客众寡，投数匕入于巨瓯。”但是，其法并无新意，其过程仍不过是宋代点茶的余绪而已。尽管如此，朱权“不伍于世流，不污于时俗”的仙风道骨，以及“本是林下一家生活，傲物玩世之事，岂白丁可共语哉？”“又将有裨于修养之道矣”等嘉言懿行，很快成为明代文人的一面旗帜，深刻影响了明代中后期文人的饮茶格调与审美。如明代万历年间屠隆在《茶笺》的主张：“构一斗室，相傍书斋，内设茶具，教一童子专主茶役，以供长日清谈，寒宵兀坐。幽人首务，不可少废者。”采茶：以“微绿色而团且厚者为上”。择器：“宣庙时有茶盏，料精式雅，质厚难冷，莹白如玉，可试茶色，最为要用。蔡君谟取建盏，其色绀黑，似不宜用。”由此可以洞见，明代饮茶观念与审美的变化，无不渗透着朱权潜移默化的引领与示范。

瀹泡源从点茶出

在南渡以后，南宋斗茶的风习既已衰歇，
借此好赌善博的狂热，渐趋冷静，
人们终于明白了上好绿茶的色泽，
还是以青白、青翠为上，茶汤滋味以甘滑为佳。

明代万历年间，沈德符在《万历野获编补遗》中记载：“今人惟取初萌之精者，汲泉置鼎，一瀹便啜，遂开千古茗饮之宗。”文震亨在《长物志》里这样写道：“吾朝所尚又不同，其烹试之法，亦与前人异。然简便异常，天趣悉备，可谓尽茶之真味矣。”吾朝，是指明朝。在明代引以为尚的瀹泡法，能够泡出茶的真味、真香，一瀹便啜，操作简单而又方便，自然区别于唐宋前人的煎茶与点茶。但是，“遂开千古茗饮之宗”的评价，若从饮茶的发展历史来看，着实有些夸大其词了。

如果仔细梳理一下中国的饮茶历史，我们便会发现，茶叶的“一瀹便啜”，在唐代业已出现。陆羽在《茶经》中记载：“饮有粗茶、散茶、末茶、饼茶者，乃斫，乃熬，乃炀，乃舂，贮于瓶缶之中，以汤沃焉，谓之痷茶。”痷茶，即是以水泡茶。“瓶缶”在古代泛指食器、水器。缶即是罂，《汉书》中《韩信传》的颜注道：“罂缶，谓瓶之大腹小口者。”在《急就篇》又注曰：“壶，圆器也，腹大而有茎。”如同我们今天看到的鼻烟壶等，明明是瓶的模样，却仍习惯称之为壶。在我们的当代生活中，偶然一瞥的名物变迁，从这些古风犹存的案头小器，仍可觅到一些端倪。可见，古代的瓶、缶、罂、壶，作为盛水器时，它们之间并没有严格的区分。三国时《广雅》记载的“欲煮茗饮，先炙令赤色，捣末置瓷器中，以汤浇覆之。”文中的“瓷器”，大概就是《茶经》记载的“瓶缶”。而此“瓶缶”，也是苏廙《十六汤品》中谚曰的“茶瓶用瓦”。由以上可知，无论是瓷器中的“以汤浇覆之”，还是瓶缶中的“以汤沃焉”，从操作上

来看，都是先置茶、后注水，看似是点茶的前身，但从本质上审视，其实皆从属于瀹泡法的范畴。

从五代至宋代的点茶，出于欣赏汤花的需要，此前的瓶缶，相应地改造成为汤瓶，茶瓯也演化成为茶盏。尤其是经过蔡襄的规范、推动，通过宋徽宗的拔高、鼓吹，此后的所点之茶，开始偏重斗茶的色泽与汤花的纯白。从此，宋代的斗茶发展之路，渐渐有些剑走偏锋，走向狂热、畸形的夸奢斗富，甚至沦为轰轰烈烈的以茶赌博。当茗战隐约蜕变为有钱、有闲阶层的赌博游戏之后，茶器自然就变成了越发讲究精致的“赌具”。人间万事，无论它表面是如何的诗情画意，只要违背了自然常理与事物天性，都将会行之不远。宋代点茶的消亡、隐去，亦是如此。试想，假若点茶不需要突出或不斗茶色、不去精鉴关键的咬盏，那么，就不需要击拂、搅拌用的茶匙或茶筅，也不需要衬托茶色之白的黑盏，此时的“点茶”，就会与茶的瀹泡法几无分别。

为了便于理解，我们不妨把点茶列为是瀹泡法的特例，这应该是没有多少争议的。如同“茶百戏”“漏影春”是点茶的特例一样。

在点茶的发展历程中，茶色贵白的神话，被宋徽宗推向了巅峰。熊蕃在《宣和北苑贡茶录》中记载：“至大观初，今上亲制《茶论》二十篇，以白茶者与常茶不同，偶然生出，

辽代宣化墓壁画《备茶图》

与壁画同款的宋代磁州窑茶托与茶盏

非人力可致，于是白茶遂为第一。”白叶茶在宋徽宗眼中的无与伦比，是因为稀少、珍罕、难焙，也是因为利于斗茶的先斗色，而非偏重茶的滋味与香气的品鉴。

到了南宋，宋徽宗提出的“点茶之色，以纯白为上真，青白为次，灰白次之，黄白又次之”，便遭到了陈鹄等人的质疑。陈鹄在《耆旧续闻》中写道：“今自头纲贡茶之外，次纲者味亦不甚良，不若正焙茶之真者已带微绿为佳。近日，士大夫多重安国茶，以此遗朝贵，而銙茶不为重矣。今诸郡产茶去处，上品者亦多碧色，又不可以概论。唐李泌茶诗：‘旋沫翻成碧玉池’，亦以碧色为贵。今诸郡产茶去处，上品者亦多碧色，又不可以概论。”这说明，在南渡以后，南宋斗茶的风习既以衰歇，借此好赌善博的狂热，渐趋冷静，人们终于明白了上好绿茶的色泽，还是以青白、青翠为上，茶汤滋味以甘滑为佳。

元初，马端临在《文献通考》中说：“茗，有片有散，片者即龙团旧法，散者则不蒸而干之，如今之茶也。始知（宋）南渡之后，茶渐以不蒸为贵矣。”“散者不蒸而干之”，是特指不经蒸青直接摊干的原始白茶类。它上承三国《广雅》的“荆巴间采叶作饼，叶老者，饼成，以米膏出之”，下接明代田艺蘅《煮泉小品》的“芽茶以火作者为次，生晒者为上，亦更近自然，且断烟火气耳”。茶以不蒸为贵，是说在宋末元初，蒸青团茶已是日薄西山，人们更喜欢的是晒青白茶、炒青绿茶类等，这基本可以证明，点茶技艺已渐渐被世人冷落，乃至抛弃。这一点，从程大昌的记载中也能得到证实。南宋程大昌，是高宗绍兴二十一年（1151）的进士，高宗时为秘书省正字。他在《演繁录·卷十一》中写道：“今御前赐茶，皆不用建盏，用大汤氅，色正白。”宋高宗赵构，不使用黑褐色的建盏赐茶，意味着南宋饮茶的审美，正处在从尚白到尚绿的重要转折阶段。日本

宋代白釉茶盏

荣西禅师的两次入宋，分别是在1168年和1187年，他传回日本的也都是绿色的茶汤。由此可见，当时的民间、寺院等，崇尚的多半还是翠绿色的末茶。

炒青散茶的历史，可以追溯到唐代中晚期，于此至少可以窥见炒青绿茶萌芽的草蛇灰线。唐代刘禹锡，在《西山兰若试茶歌》中有：“斯须炒成满室香，便酌砌下金沙水。”“新芽连拳半未舒，自摘至煎俄顷馀。”“炒”字的出现，大约是三国以后的事情。此时的“炒”，在先秦即是所谓的“熬”。《说文》有：“熬，干煎也。”《方言》谓：“熬，火干也。凡以火而干五谷之类，自山而东齐楚以往谓之熬。”古代的熬五谷，即是炒米麦。既然可以炒米麦，为什么就不能炒茶呢？皆是一个道理，都是利用火热，来去除其中的水分。诗中的“连拳”，即是连蜷之意，它是指茶树的新梢，刚刚萌发抽出，芽直而嫩叶弯曲，近似今天的一芽一叶初展。片刻炒成的茶叶且满室生香，这自然是蒸青工艺无法实现的。我们当下的制茶实践，能够证实，茶叶在蒸青以后，水分含量较高，仅仅依靠炭火烘干，是不可能在短时间内一蹴而就的。况且经过蒸青的茶叶，在没有烘干之前是不香的，即使在烘干以后，也没有炒青茶的香气高扬。其实，茶叶炒青之名的真正出现，是在南宋，出自陆游《安国院试茶》诗的自注：“日铸则越茶矣，不团不饼，而曰炒青，曰苍鹰爪，则撮泡矣。”元代，太医忽思慧的《饮膳正要》记述“炒茶”写道：“用铁锅烧赤，以马思哥油、牛奶子、茶芽同炒成。”炒茶前，先把“铁锅炒赤”，后投茶芽等高温杀青，这足以证实：至少在元代，较为成熟的绿茶炒青技术业已存在。至于加入酥油、牛奶等炒茶，大概是元人受到了藏族人的影响。忽思慧在《饮膳正要》中曾说过：“西番茶，出本土，味苦涩，煎用酥油。”我们知道，茶中的多酚类物质，能够与蛋白质发生络合反应，生成不溶于水的沉淀，故用酥油、牛奶煎茶，不仅能够为人们提供充足的营养，而且可以有效降低茶汤的苦涩味道。

不团不饼的日铸茶，就是宋代的草茶。北宋欧阳修在《归田录》中记载：“草茶盛产于两浙，两浙之品，日注（铸）第一。”宋代的茶品，大致分为片茶与草茶两类。在片茶中，尤其以作为朝廷贡品的蜡面茶为贵。

蜡面茶的历史，可以追溯到唐代。晚唐，齐己的《谢灉湖茶》诗云：“灉湖唯上贡，何以惠寻常。还是诗心苦，堪消蜡面香。碾声通一室，烹色带残阳。”齐己（863—937），湖南益阳人，晚年自号衡岳沙门，一生经历过唐代及五代中的三个朝代，是与皎然、贯休齐名的中晚唐三大诗僧之一。齐己最早写到的蜡面茶，大概产自距他故乡不远的湖南岳阳。古代的灉湖，即是湖南岳阳的南湖。灉湖茶，在唐代又称灉湖含膏。李肇在《唐国史补》中记载：“湖南有衡山，岳州有灉湖之含膏，常州有义兴之紫笋。”《唐国史补》成书于穆宗朝李肇任尚书左司郎中时，系续刘餗《隋唐嘉话》而作。清代同治《巴陵县志》载：“邑茶盛称于唐，始贡于五代马殷，旧传产灉湖诸山，今则推君山矣。然君山所产无多，正贡之外，山僧所货贡余茶，间以北港茶掺之。北港地皆平冈，出茶颇多，味甘香，亦胜他处。”从《巴陵县志》的记载可知，灉湖茶是在五代成为贡茶的，在唐代时，还叫灉湖含膏。由此可以推断，齐己的《谢灉湖茶》一诗，大概写于五代（907—960）时期。五代时，另有徐夤的茶诗，也写到蜡面茶，其诗云：“武夷春暖月初圆，采摘新芽献地仙。飞鹊印成香蜡片，啼猿溪走木兰船。金槽和碾沉香末，冰碗轻涵翠缕烟。分赠恩深知最异，晚铛宜煮北山泉。”诗中的“武夷”，指的是武夷山脉的建州茶区。同样，北宋苏轼《荔枝叹》中的“武夷溪边粟粒芽，前丁后蔡相宠加”，其“武夷溪边”，并非是指武夷山，而是指武夷山脉的建溪。亦即宋徽宗

宋代金扣茶盏，高 4.9 厘米，口径 12.5 厘米

宋代金扣建盏，高 6.5 厘米，口径 11.8 厘米

《大观茶论》中的“岁修建溪之贡，龙团凤饼，名冠天下”。南宋陆游也曾有诗：“建溪官茶天下绝。”徐夤曾是五代时闽国的故臣，他从闽国拂衣而去、归隐延寿溪后，才收到诗中所言的闽国尚书馈赠的蜡面茶的。

根据北宋赵汝砺的《北苑别录》记载，在建安之东三十里的凤凰山，唐末张廷辉最早在此开垦茶园。不久，张廷辉就把这片方圆三十里的茶园，奉送给了闽王王审知，闽王借此在凤凰山建起了御茶苑。随后，“悉并远近民茶入官焙，岁率六县民丁采造之。”这便是官焙的由来，从此，北苑之名开始见称。南唐保大三年（945），南唐俘获闽国王审知之子王延政，便把建安茶区纳入囊中。次年春天二月，就命令建安开始贡茶。宋代马令的《南唐书·卷二·嗣主》记载：“命建州制的乳茶，号曰京铤蜡茶之贡，始罢贡阳羡茶。”南唐被北宋吞并以后，这里又成了宋朝的御茶园。朝廷设置北苑御焙，派漕臣督造北苑御茶。漕臣先有丁谓，后有蔡襄，这便是苏轼诗中“前丁后蔡”的由来。建茶在宋代崛起以后，灉湖贡茶便渐渐被世人遗忘。

蜡面茶究竟起源于哪里呢？宋代熊蕃的《宣和北苑贡茶录》记载：“是时，伪蜀词臣毛文锡作《茶谱》，亦第言建有紫笋，而蜡面乃产于福。五代之际，建属南唐，初造研膏，继造蜡面，制其佳者，号曰京铤。”熊蕃（1106—1156），是北宋建州人，长期管理北苑贡茶事务，他是非常熟谙北苑贡茶的发展历程的。据熊蕃考证说，蜡面茶起源于福州的鼓山半岩茶，此时的建州，还只产紫笋茶。欧阳修《新唐书》的记述，也进一步证实，建州茶在唐代并没有入贡。明朝黄仲昭的《八闽通志》也记载：唐代，“福州贡蜡面茶，盖建茶未盛前也。”

所谓蜡面茶，是特指研膏茶，在其制作过程中，加入了名贵的香料膏油，印制成饼后，又以香膏油润饰，故饼面润泽如蜡故名。宋代程大昌在

《演繁录》中所言："蜡茶，建茶名，蜡茶为其乳泛盏面，与熔蜡相似，故名蜡面茶也。"亦为一说。元代王祯的《农书》也记载："茶之用有三，曰茗茶，曰末茶，曰蜡茶。蜡茶最贵，而制作亦不凡。择上等嫩芽，细碾入罗，杂脑子诸香膏油，调剂如法，印作饼子制样。任巧候干，仍以香膏油润饰之。其制有大小龙团，带銙之异，此品唯贡品，民间罕见之。始于宋丁晋公，成于蔡端明。间有他造者，色香味俱不及蜡茶。"后世多书"蜡"茶为"腊"，云取先春之意，其实是错误的。

北宋早期的龙团凤饼，入贡皆需添加香料。蔡襄年《茶录》中云："而入贡者，微以龙脑和膏，欲助其香。"到了宋神宗年间，贡茶密云龙的制作，已被禁止添加香料。黄庭坚有诗为证："小璧云龙不入香，元丰龙焙承诏作。"宋徽宗也反对在茶中添加香料，他在《大观茶论》中说："茶有真香，非龙麝可拟。"尽管如此，在茶中加香的旧俗，还是持续到了清代以降。明初朱权，在《茶谱》熏香茶法一节说："有不用花，用龙脑熏者亦可。"明代高濂，在《遵生八笺》记载香茶饼子的制法时说："孩儿茶，芽茶四钱，檀香一钱二分，白豆蔻一钱半，麝香一分，砂仁五钱，片脑四分，甘草膏和糯米糊搜饼。"不过，由宋代添加香料的贡茶，逐渐发展、异化到明代的香茶饼子，已经不是用来点茶、泡茶之用，而是充当类似口香糖的用途了。《金瓶梅》第四回："西门庆嘲问了一回，向袖中取出银穿心金裹面盛着香茶木樨饼儿来，用舌尖递送与妇人。"其中的"香茶木樨饼"，即是《金瓶梅》中多次写到的香茶。元代，在乔吉的《卖花声》小曲中，咏唱的正是此物："细研片脑梅花粉，新剥珍珠豆蔻仁，依方修合凤团春。"而"凤团春"，即是在宋代"其价值二两，然金可有，而茶不可得"（叶梦得《石林燕语》）的龙凤团茶。正是因为在蜡茶中，添加了冰片、麝香、龙涎香等贵重药材，所以，宋代的蜡面茶，除用于点

辽代宣化墓壁画《碾茶图》

茶饮品外，也常作为药用。《普济方》等医学专著，曾收录过许多以蜡茶为入药的方剂。

由于蜡面茶太过贵重，民间更为罕见，故民间饮茶多以草茶为主。不过，草茶在宋代已充上贡，也是皇帝向下赐茶的主要品种之一。葛立方在《韵语阳秋》中写道："自建茶入贡，阳羡不复研膏，只谓之草茶而已。"可见，在制茶过程中，是否存在着研膏工艺，是区别宋代片茶与草茶的主要标准。难怪北宋黄儒在《品茶要录》里说：唐代陆羽所记载的茶，"皆今之所谓草茶"。

草茶在宋代，主要包括散茶和末茶两类。而末茶，在唐代却是特立独行的。陆羽的《茶经》有记："饮有粗茶、散茶、末茶、饼茶者。"末茶，是把散茶利用水磨研磨而成的成品茶，在宋代又叫食茶。所谓食茶，即是由政府直接卖给民众，供百姓日常之用的茶类。唐代至北宋时期的末茶，是借助茶臼、茶碾或专用的茶磨碾碎的。南宋以降的末茶加工，主要是依靠以水流作为动力的水磨来完成的。《宋史·食货志》记载："元丰中，宋用臣都提举汴河堤岸，创奏修置水磨。凡在京茶户擅磨末茶者有禁，并许赴官请买。"即是例证。浙江的杭州径山，因其周边水力资源丰富，故曾是宋代末茶的主要产区之一。南宋中后期，日本高僧圣一国师、南浦昭明等，先后在径山寺从无准师范、虚堂智愚等学习禅法，同时，也将中国茶的典籍、径山茶的碾饮之法与茶器带回日本，为日本茶道的孕育、形成，奠定了深厚的基础。今天，我们从日本抹茶的留存形态，还是能够还原出一些宋代径山末茶的加工痕迹的。

到了元代，随着茶的揉捻工艺的诞生，茶叶细胞的破碎率得到了空前提高，茶汁便黏附在茶叶的表面，此举不仅有效缩小了茶叶的体积，而且在冲泡时，茶叶的内含物质，也会较容易地溶解于茶汤之中，极大地提高了茶汤的浓度，丰富了茶汤的香气与滋味。因此，从南宋到元代，重散轻饼的倾向，也就越来越明显。元代中期，据王祯的《农书》记载："茶之用有三：曰茗茶，曰末茶，曰蜡茶。凡茗煎者择嫩芽，先以汤泡去薰气，以汤煎饮之，今南方多效此。然末子茶尤妙。先焙芽令燥，入磨细碾，以供点试。"从王祯的记载来看，当时的茶品，主要分为茗茶、末茶、蜡茶三类。其中的"茗茶"，是指经过揉捻的条形散茶；"末茶"，是指鲜叶经过先蒸后捣，然后再把捣碎的茶叶进行烘干或晒干形成的细碎末茶。从末茶的制作工艺可以看出，从唐代到元代，末茶是简于团茶而繁于散茶的，故其磨制成本也较高昂，这也是散茶最终能够取代末茶的重要原因之一。在茗茶、末茶、蜡茶这三个品类中，以蜡茶最为贵重，"此茶惟充贡茶，民间罕见之"。珍藏既久的蜡茶，在点饮时，需要先用温水微渍，去其膏油，以纸裹捶碎，用茶钤微炙，旋入碾罗。这能够充分证明，元代宫廷的权贵饮茶，仍然延续了宋代的点茶模式。元代诗人卓元《采茶歌》

有："制成雀舌龙凤团，题封进入幽燕道。"但是，由于蒙古贵族，借鉴了藏族人以酥油入茶的饮法，"雪乳香浮塞上酥"。因此，在元代点出的茶汤，因酥油的存在，在文人士族眼里曾经诗意、美丽、高洁的汤花，沾染上了浓重的腥膻味道，于是，在元代严重落魄的汉族文人们，因社会地位陡然下降、收入大幅下滑以及审美、趣味等无法苟同，便逐渐疏远或者鄙视以贡茶主导的元代点茶。在元代，青白茶瓯使用频率的突然增加，无疑也折射出了受尽打压的汉族文人的内心变化及饮茶方式的微妙嬗变。王祯在《农书》中证实："南方虽产茶，而识此法（点茶）者甚少。"叶子奇的《草木子》也记载："民间止用江西末茶，各处叶茶。"这说明在元代，虽然点茶仍在一定社会阶层存在着，但是"烹茶芽"的煎茶方式，已经成为饮茶方式的主流。如虞集的"烹煎黄金芽，不取谷雨后"，蔡廷秀的"仙人应爱武夷茶，旋汲新泉煮嫩芽"。王祯记载的"凡茗煎者择嫩芽，先以汤泡去熏气，以汤煎饮之"，与忽思慧记载的清茶饮法："先用水滚过滤净，下茶芽，少时煎成。"如出一辙，可相互印证。

当散茶的制作成本，大大低于末茶；当散茶的滋味，因揉捻工艺的存在，其真香真味更易泡出或趋于更加调和；当宋代的黑褐色茶盏，被元代的青白茶盏、茶瓯逐渐取代；以茶瓯冲点出的条索散茶，不就是后世简便易行的撮泡法吗？由此可见，点茶并没有真正消亡，消失的只是其外在形式，其内涵与精神，便渐渐潜移默化于撮泡茶之中了。从中国饮茶的发展历程审视，点茶之法，最终演化成为以下两种不同的饮茶方式：一种是简便易行的蒸青末茶或炒青芽茶冲点的瓯盏泡法，另一种便是在市井上流行的果子茶。

清代乾隆年间，茹敦和在《越言释》中说："又古者茶必有点，无论其为硙茶、为撮泡茶，必择一二佳果点之，谓之点茶。"明末小说《金瓶

宋代汝窑盏托，高 6.7 厘米，口径 16.6 厘米
美国弗里尔美术馆藏

梅》第三回："那婆子欢喜无限，接入房里坐下，便浓浓点一盏胡桃松子泡茶与妇人吃了。"第三十七回："妇人又浓浓点一盏胡桃夹盐笋泡茶递上去，西门庆吃了。"施耐庵的《水浒全传》第二十四回："西门庆叫道：'干娘，点两盏茶来。'王婆应道：'大官人来了。连日少见，且请坐。便浓浓的点两盏姜茶，将来放在桌子上。'"明代前后的市井点茶，主要以填饱肚子、满足口腹之欲为主，故在茶汤中添加了各色的珍馐美味，其点出的茶汤必然是浓浓的。世间万物，以清淡为妙。不可过浓，过浓则俗。亦不可过清，过清则薄。不偏不倚，五味调和才是至味。因此，明代顾元庆在《茶谱·择果》里，讲到点茶时，只点明了宜与不宜，并没有刻意区分茶饮形式的高雅与低俗。顾元庆说："茶有真香，有佳味，有正色，烹点之际，不宜以珍果香草杂之。夺其香者，松子、柑橙、杏仁、莲心、木香、梅花、茉莉、蔷薇、木樨之类是也；夺其味者，牛乳、番桃、荔枝、圆眼、水梨、枇杷之类是也；夺其色者，柿饼、胶枣、火桃、杨梅、橙橘之类是也。凡饮佳茶，去果方觉清绝，杂之则无辨矣。若必曰所宜，核桃、榛子、瓜仁、枣仁、菱米、榄仁、栗子、鸡豆、银杏、山药、笋干、芝麻、莒蒿、莴苣、芹菜之类，精制或可用也。"顾元庆的这个观点，还是受到了宋代蔡襄的"若烹点之际，又杂珍果香草，其夺益甚，正当不用"的影响。可见，宋代的果子茶，作为点茶的一种形式，在民间是始终广泛而顽强地存在着的。以顾元庆、屠隆为代表的明代文人，还是能够接受、在茶中添加胡桃、银杏、芝麻、笋干、莴苣等果蔬的。

元代以降，当点茶渐渐被文人雅士疏远；当"杂以诸香，饰以金彩"的奢华蜡茶，在元末明初被朱元璋强行废止；尽管在明代初期，以朱权为首的部分文人，曾变着花样试图恢复宋代的点茶技法，但是，"青山遮不住，毕竟东流去"。由于散茶流行的势不可当，由于不用碾磨且旋啜旋饮的简便泡茶法的勃兴，点茶一法，终于在明末被迫改头换面，放下清高的身段与做派，以更加实用、更加接地气的饮茶方式，渐渐融入喧嚣的市井生活之中，却仍有迹可循。在世俗的烟火气息里，茶饮自有着别样的诗意与温暖。

南宋陆游的《安国院试茶》诗云：“我是江南桑苎家，汲泉闲品故园茶，只应碧缶苍鹰爪，可压红囊白雪芽。”陆游汲泉闲泡的“苍鹰爪”，就是他故乡里炒青的日铸茶。陆游泡茶用的碧绿色的茶缶（茶瓯），大概就是绍兴周边的越窑青瓷，并称这种泡茶方式为“则撮泡矣”。而陆羽《茶经》记载的“痷茶”，“贮于瓶缶之中，以汤沃焉”，不也正是陆游的碧缶撮泡日铸茶吗？

明代陈师的《茶考》记载：“杭俗烹茶，用细茗置茶瓯，以沸汤点之，名为撮泡。”此处的“细茗”，大概是指细嫩的末茶，也可能是早春的条索芽茶，皆是先撮茶叶入瓯，再以沸水冲点之。由此可见，明代饮茶瀹泡法的形成，还是受到了唐代痷茶法与宋代点茶法的综合影响，此后，由点茶法逐渐简化、优化、发展起来的。

擂茶入瓯名擂泡

饮之解渴、食能疗饥、有面子、又实惠的擂泡饮茶之法，在民间历来广受着欢迎与推崇。

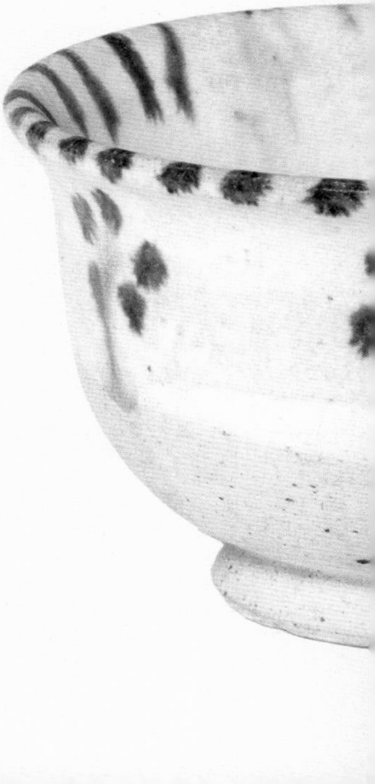

清代乾隆年间，茹敦和在《越言释》中，有撮泡茶一条，其文曰：“今之撮泡茶或不知其所自，然在宋时有之，且自吴越人始之。”茹敦和，浙江绍兴人，他是乾隆十九年（1754）的进士。茹敦和所言的“宋时有之”，是指宋代的同乡陆游，在《安国院试茶》的自注云：“日铸则越茶矣，不团不饼，而曰炒青，曰苍鹰爪，则撮泡矣。”

宋时的撮泡法，究竟起源于何时呢？茹敦和并没有说清楚。在明代万历年间问世的《茶考》中，据陈师记载：“杭俗烹茶，用细茗置茶瓯，以沸汤点之，名为撮泡。北客多哂之，予亦不满。一则味不尽出，一则泡一次而不用，亦费而可惜，殊失古人蟹眼鹧鸪斑之意。况杂以他果，亦有不相入者。味平淡者差可，如熏梅、咸笋、腌桂、樱桃之类尤不相宜。”陈师是杭州人，在明代，不但北方人会讥笑撮泡法这种喝茶方式，而且陈师对此也是不满意的。这又是为什么呢？陈师认为：以瓯撮泡，首先，是茶水不能及时分离，要么滋味不容易泡出，茶味淡；要么茶汤容易泡浓，滋味苦涩。如果一次不能全部喝下，就会造成浪费。其次，撮泡法缺少了传统点茶的击拂、搅拌等环节，茶汤无法形成美丽的乳花浮盏，失去了宋代的古韵诗意。最后，更令他不能忍受的是，在茶汤里还要加入滋味很重的茶果、菜蔬之类等等。如此饮法，既失去了饮茶之清雅，“又岂独失茶真味哉”。由此可知，撮泡法到了明代万历年间，不但没有发展成熟，而且也因加入了茶果等，影响了茶之真香、真味，从而受到了文人雅士的轻蔑与疏远。尽管如此，但这并不影响撮泡法在民间的广泛传播与客观存在。

辽代宣化墓壁画

世俗生活的迎来送往，既要讲究面子，又要兼顾实惠。市井百态，首先能够填饱肚子的“柴米油盐酱醋茶”，才是芸芸众生的生活真实。因此，饮之解渴、食能疗饥、有面子、又实惠的撮泡饮茶之法，在民间历来广受着欢迎与推崇。这也是撮泡法见于宋代，而文人们懒于记载的重要原因。

北宋，蔡襄在《茶录》中写到“茶有真香”时，曾告诫过：“若烹点之际，又杂珍果香草，其夺益甚。正当不用。”这说明，在北宋乃至以前的民间点茶中，就普遍存在着茶中添加珍果、香草、花卉的现象。蔡襄从建安民间提炼整理出点茶技法，写成《茶录》，准备进献给宋仁宗皇帝参考的时候，曾明确写道：“昔陆羽茶经，不第建安之品；丁谓茶图，独论采造之本，至于烹试，曾未有闻。臣辄条数事，简而易明，勒成二篇，名曰茶录。伏惟清闲之宴，或赐观采，臣不胜惶惧荣幸之至。”

宋代陶穀编撰的《清异录》里，记载有“漏影春”一条：其文曰：“漏影春法，用镂纸贴盏，糁茶而去纸，伪为花身。别以荔肉为叶，松实、鸭脚之类珍物为蕊，沸汤点搅。”陶穀记载的“漏影春”，本质上仍是先赏后吃的果子茶。而生成盏、茶百戏，则是如蔡襄规范后的不加果肉的点茶清饮法。

茹敦和的《越言释》写道：“又古者茶必有点，无论其为硙茶为撮泡茶，必择一二佳果点之，谓之点茶。点茶者，必于茶器正中处，故又谓之点心。此极是煞风景事，然里俗以此为恭敬，断不可少。”从清代茹敦和的记载可以看出，文人雅士认为是大煞风景的果子茶，在民间却是热忱待客且断不可少的恭敬之物。之后，茹敦和又说：“由是撮泡之茶，遂至为世诟病。凡事以费钱为贵耳，虽茶亦然，何必雅人深致哉。”可见，饮不厌精的寄托着个人思想、品格、精神、境界的文人茶习，与民间以体面、实用、美味、费钱为尚的饮茶习惯，是两条走向、倾向、审美与价值观等完全不同的饮茶路线。这也是明代大部分追求淡和清雅的文人，反对茶中

辽代宣化墓壁画

著料、碗中著果的根本原因。

综上所述，宋代文人点茶技法的形成，大概是从民间的传统撮泡法中精简、升华而来的清饮方式，其间，又不同程度地消化、吸收、借鉴了唐代文人煎茶所积累的经验、成果与美学思想。并且最早点茶之名的由来，大概也与茶中点缀可食可赏的佳果有关。

如果系统地去追溯饮茶历史，我们就会发现，经过唐代陆羽改进、规范、提升后的煎茶之法，也是在民间煮茶的长期实践过程中，去芜存菁，提炼、发展起来的清饮方式。陆羽在《茶经》中记载："或用葱、姜、枣、橘皮、茱萸、薄荷之等，煮之百沸，或扬令滑，或煮去沫"，对于民间流行的加了大枣、茱萸等佳果，加了橘皮、薄荷等香料的茶汤，陆羽又说：这与沟渠里的废水又有什么区别呢？但是，这只是以陆羽为代表的部分文人的声音与质疑，而民间的煮茶习俗，却依然风景这边独好，依然是我行我素、如火如荼，"而习俗不已"。美学，是有哲学品格的。随波逐流的大众饮茶口味，以其偏重于实用或缺乏欣赏的门槛，故其接受程度，可能是最高的。但是，越是参与度高的大众消费行为，往往越会过度追求其感官刺激或技能展示，却不见得是最高雅的。

在数千年的中国发展史中，普罗大众一直苦于食物短缺，因此，在古老的中国，没有任何事情比首先吃饱肚子更重要。为了解决饮茶中的饱腹感，为了能像漏影春一样便于欣赏，就需要在瓯盏中，先加入茶与果蔬、香料等，其后如"痷茶"一样，或是"以汤浇覆之"，或是沸汤点搅，于是，古老的撮泡饮茶法，便在民间蓬勃发展、方兴未艾。

最早在《晋中兴书》记载，陆纳为吴兴太守时，卫将军谢安来访，招待谢安的，"所设唯茶果而已"。此时的"茶果"，肯定不是单一的茶与水果，必然是如上文所述的一盏传统的添加了美味佳果的果子茶。陆羽在《茶经·之事》中，也专门辑录过这段故事。

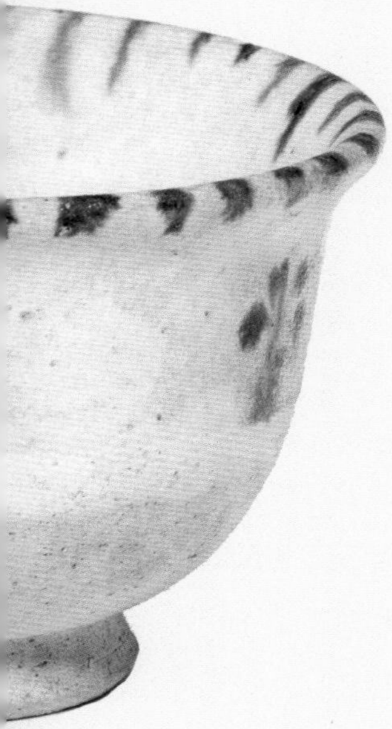

撮泡法与果子茶

悠悠上古的煮茶旧俗，为突出、呈现果品的丰盛与美味，便演绎出先煎水、后在茶瓯点茶的瓯盏撮泡法。

明代，许次纾在《茶疏·论客》一章说：如果来的是泛泛之交，仅需用平常的茶，应付一下就好；若是素心同调的良伴知己，就需要呼童篝火，酌水点汤，好茶伺候。三人以下，只用一炉；如五六人，就要安排两个鼎炉与一个茶童了。很明显，许次纾这是承袭了陆羽《茶经·之煮》的酌茶规制。假如来的客人很多，就不能像上述那样喝茶了，不妨选用中下等的茶，在其中加上核桃、榛子、杏仁、瓜仁、栗子、银杏等茶果，让大家吃足喝饱即可。

从明末《茶疏》的记载能够看出，针对层次不同的人群与人数，存在着迥然不同的饮茶与待客方式。可见，明代的撮泡饮茶，就是用来招待众客之用的，而不适合山人名士、高流隐逸之辈的清饮。明末高濂在《遵生八笺》中讲得很透彻："凡饮佳茶，去果方觉清绝，杂之则无辨矣。"田艺蘅也算是明代撮泡清饮法的文人代表，他在《煮泉小品》中写道："生晒茶瀹之瓯中，则枪旗舒畅，清翠鲜明，方为可爱。"点茶时，是否加入果蔬，是文人品茶与民间吃茶的认知差别，也是清饮与浑饮的根本区别。文人雅士寄情于茶，赖茶以泻清臆，借茶以明心志，在茶中寻求身心的清闲与超脱。他们追求的是与人格相契合的茶之精清淡雅与茶之真味真香，容不得茶中有丝毫的杂味、俗气。而贩夫走卒、引车卖浆之辈，无暇"闲来松间坐"，即使偶尔"看煮松上雪"，也远远没有捞果饱腹、饮茶止渴更现实更重要。

明代施耐庵在《水浒传》第二十四回，写到宋代王婆点茶时说："便

明代仇英《汉宫春晓图》点茶局部

浓浓的点道茶，撒上些白松子、胡桃肉，递与这妇人吃了。”《金瓶梅》第六十八回有：吴银儿派丫鬟送茶孝敬西门庆，“斟茶上去，每人一盏瓜仁、栗丝、盐笋、芝麻、玫瑰香茶”。第七十二回：“西门庆坐在床上，春梅拿着净瓯儿，妇人从新用纤手抹盏边水渍，点了一盏浓浓艳艳芝麻、盐笋、栗丝、瓜仁、核桃仁夹春不老海青拿天鹅，木樨玫瑰泼卤、六安雀舌芽茶。西门庆刚呷了一口，美味香甜，满心欣喜。”《水浒传》是明代人写宋代的民间点茶，而《金瓶梅》则是明代人记录他们所处的那个时代的点茶。在他们的茶汤里，不仅有果仁、果干，还有各色蔬菜等。六安雀舌芽茶，属于六安茶的精品。在明代，朱元璋独重六安茶，故六安茶曾位列天下第一。明代文人李日华，在《紫桃轩杂缀》中称：“余生平慕六安茶，适一门生作彼中守，寄书托求数两，竟不可得，殆绝意乎。”由此可见，六安芽茶在明代的珍贵与不易得。但是，对于土豪西门庆来讲，拥有六安雀舌芽茶，只视为是身份与地位的象征，其饮用方式，还是采用了文人所不齿的撮泡之法。西门庆的夫人吴月娘，却有所不同。在《金瓶梅》第二十三回，吴月娘吩咐宋惠莲，“上房拣妆里有六安茶，顿一壶来俺们吃。”这明显是以壶煮茶，属于煎茶的清饮。第二十一回中，吴月娘“教小玉拿着茶罐，亲自扫雪，烹江南凤团雀舌牙茶与众人吃。正是：白玉壶中翻碧浪，紫金杯内喷清香。”吴月娘扫寒英，煮绿尘，红炉煮雪，汤响松风。由此能够看出，市井吃茶，也不乏清雅之饮。此时，万万不可酸溜溜地认为，俗人“融雪煎香茗”，有东施效颦之嫌。其实，人活在大千世界里，都不可妄自菲薄，抖一抖身上的红尘，在每个人的骨子里，都有着清雅诗意的一面。人人皆具清净法性。

在宋代与明代点出的茶，又是怎样吃的呢？《金瓶梅》第十二回写道：“少顷，只见鲜红漆丹盘拿了七钟茶来。雪锭般茶盏，杏叶茶匙儿，盐

静清和收藏的明代银鎏金杏叶茶匙

《金瓶梅》第七回描述的银镶漆雕茶盅

笋、芝麻、木樨泡茶，馨香可掬。每人面前一盏。”第七回，西门庆与孟玉楼见面相亲，以茶待客，“只见小丫鬟拿了三盏蜜饯金橙子泡茶，银镶雕漆茶钟，银杏叶茶匙。妇人起身，先取头一盏，用纤手抹去盏边水汁，递与西门庆。”在明代吴承恩《西游记》的第二十六回写有：“只见一个小童拿了四把茶匙，方去寻盅取果看茶。”从《金瓶梅》与《西游记》的描述可知，在吃点茶时，都配套有专门的茶匙，一边用茶匙在茶汤里撩开茶叶，从茶盅内捞果咀嚼，一边津津有味地喝茶。田艺蘅在《煮泉小品》中写道：“且下果必用匙。”高濂在《遵生八笺》中列出“茶具十六器”，其中写到“撩云”曰：“竹茶匙也，用以取果”，亦可作鉴。

明代前后的权贵阶层，在吃茶时，不但讲究添加的果精料足，而且在第一盏茶即将吃净时，还要及时换上第二盏茶，以示主人恭敬、客人尊贵。《金瓶梅》第七回，西门庆来孟玉楼府上相亲，等候初始，“一个小厮儿拿出一盏福仁泡茶来，西门庆吃了。”相会后，“小丫鬟拿了三盏蜜饯金橙子泡茶”。第五十四回，李瓶儿病重，请任太医来家里看病。任医官先是“吃了一钟熏豆子撒的茶”，接着，“又换一钟咸樱桃的茶”。若是茶喝淡了或是茶汤凉了，主人仍不换茶，那就意味着客人不受欢迎，要下逐客令了。人走茶凉，即是此意。自古至今，待客饮茶之际的换与不换，其中蕴含的不只有恭敬和尊重，也有人生的黯然与悲凉。

明代顾元庆编写的《云林遗事》记载：“倪元镇素好饮茶，在惠山中，用核桃、松子肉和真粉成小块如石状，置茶中，名曰‘清泉白石茶’。”“只傍清水不染尘”的倪瓒，虽然一生睥睨世俗，曾当众嗤笑宋代皇室后裔赵行恕为不识茶之风味的俗物，但是，他所标榜的清雅脱俗的清泉白石茶，究其本质，仍是明代文人眼中不够清绝的果子茶。罗廪在《茶解》中批评说：“至倪云林点茶用糖，则尤为可笑。”为什么在民间吃种类丰盛

乾隆皇帝描红御制三清茶诗茶碗，
高 5.6 厘米，口径 10.7 厘米

的果子茶，会被文人贬低、鄙视，而倪瓒吃果子茶、乾隆皇帝吃三清茶，就能被同道人所赞美、所仰慕呢？其实，历代文人诸多自命不凡的标榜与吹捧，从本质上来看，就是一个评价标准及话语权大小的问题，与事实的真相关系不大。无论是什么茶，无论是如何饮？都是形式与皮相。只要心无俗气，俗中求雅，饮茶方式哪有雅俗之别？雅俗之隔，无非是胸中数千卷书耳！

清代乾隆皇帝，在《三清茶》诗后自注云："以雪水沃梅花、松实、佛手，啜之，名曰三清。"民国前后，潘宗鼎的《金陵岁时记》也写道："盐渍白芹菜，杂以松子仁、胡桃仁、荸荠。点茶，谓之'茶泡'。客至则与欢喜团及果盒同献。果盒以山楂糕，镂成双喜字及福寿字式，最为精巧。" 袁崧生的《戢影琐记·咏茶泡》诗云："芹芽风味重江城，点入茶汤色更清。一嚼余香生齿颊，配将佳果祝长生。" 此处的"佳果"，是特指长生果，也是南京人对花生米的俗称。由此可见，从明代到民国前后，以茶瓯撮泡的果子茶，始终在各阶层不同程度地存在着，并且源远流长。文人雅士批判撮泡茶，失去了茶之真味，并夺茶之香之色。要保持、追求茶之清雅、真香、佳味、正色，这都没有过错。但是，无论是在民间市井，还是诗礼簪缨贵胄之族，一盏果子茶，不都照样吃得不亦乐乎？谁雅、谁俗？与吃什么、喝什么并没有多少关联。于此也能洞见，只要放下自己的执念与分别心，饮茶并无高低、贵贱、雅俗之分。因此，《礼记》有："非专为饮食也，为行礼也。"饮茶的雅趣，在于涤凡心、移性情、养俭德、致中和。而不在于心之分别的茶之粗细、饮之清浑。"东篱把酒黄昏后，有暗香盈袖。"此刻，有谁还会在乎，李清照饮下的，究竟是一杯清酒，还是一壶浊酒？一开口，便会俗。

元代王祯的《农书》记载："茶之用芼，胡桃、松实、脂麻、杏、栗任用，虽失正味，亦共咀嚼。”“茗”，在此处可引申为茶料。王祯能把果子茶的吃法，写进农学巨著《农书》，基本可以证明，撮泡法在元代并不陌生，甚至是社会各阶层司空见惯的饮法。

北宋时，苏轼的知己良友王巩，在《甲申杂记》中写道：“宋仁宗朝（1023—1063），春试进士集英殿，后妃御太清楼观之，慈圣光献出饼角子以赐进士，出七宝茶以赐考试官。”东坡的“此心安处是吾乡”，就是写给“琢玉郎”王巩（字定国）的。北宋梅圣俞的《七宝茶》诗云：“七物甘香杂蕊茶，浮花泛绿乱于霞。啜之始觉君恩重，休作寻常一等夸。”嘉祐二年，梅尧臣担任考官协助欧阳修主持苏轼、曾巩那一届的科举考试，梅尧臣点饮的御赐七宝茶，大概就是宋仁宗皇帝恩赐的。

蔡襄的《茶录》，写于北宋皇祐三年（1051），其中，“若烹点之际，又杂珍果香草，其夺益甚。正当不用。”即是进呈宋仁宗皇帝的点茶建议。而此前进贡的龙团茶，如蔡襄所言：“入贡者微以龙脑和膏，欲助其香。”此处的龙脑，并非龙涎香，而是清凉、馥郁、甘芳的龙脑香。北宋《本草衍义》龙脑条中记载：“其清香为百药之先”，“于茶亦相宜，多则掩茶气味，万物中香无出其右者。”由此可知，梅尧臣诗中的甘香七宝，大概就是蔡襄所述的珍贵的“龙脑”及其“珍果香草”七种。

南宋时，曾官居左丞相的周必大，在《尚长道见和次韵二首》诗中也有：“诗成蜀锦粲云霞，宫样宜尝七宝茶。”这说明，到了南宋，七宝蕊茶仍然存在。此后罕见于记载。

南宋，“晴窗细乳戏分茶”的陆游，“瑞茗分成乳泛杯”，此时不加花果的文人点茶，不可谓不精雅绝伦。但是，在一个青灯耿耿的雪夜，陆游并没有陈设常见的栗子与香梨，而是在茶中添加了当时特别珍贵的宋代贡品银杏果（鸭脚），准备与来访的朋友，一起“设茗听雪落”（《听雪

明代漆雕茶托，
高 8.8 厘米，口径 20.3 厘米

为客置茶果》）。即使是在明代，银杏也不像松子、橙、橘等茶果那样，被列入点茶不宜之物。它是被多数文人列入不夺茶香、用之所宜的点茶之品的。可见，“前身疑是竟陵翁”的诗人陆游，对于饮茶方式的选择，是可雅可俗的，对果子茶仍是相对亲近，并没有表现出鄙夷不屑。在日常生活中，他是不拒绝营养有加的果子茶的。陆游吃果子茶的方式，就是他在《安国院试茶》诗中所讲的“撮泡矣”。

中唐时，白居易的《曲生访宿》诗云：“村家何所有，茶果迎来客。”他在《谢恩赐茶果等状》中写道：“今日高品杜文清奉宣进旨，以臣等在院进撰制问，赐茶果、梨脯等。”既然茶果与梨脯能够并列，这说明，在唐代的茶果，与一般的果品是存在着明显区别的。

另外，茶果也不同于茶食。宋金时，宇文懋昭在《金志》中写道：“婿先期拜门，以酒馔往，酒三行，进大软脂、小软脂，如中国寒具，又进蜜糕，人各一盘，曰茶食。”寒具，是指油炸的咸馓子，为寒食节所具，故名。东坡有《寒具》诗：“纤手搓来玉数寻，碧油轻蘸嫩黄深。”周作人在《南北的点心》一文考证说：茶食是喝茶时所吃的，与小食不同。小食即是点心。大、小软脂，大抵就是蜜麻花。蜜糕，则是明系蜜饯之类的东西。在唐代，早餐小食统称为点心。宋代以后，茶食就与点心混为一谈了。清代茹敦和在《越言释》中说：“种种糕糍饼饵，皆名之为茶食。”在北方，传统的点心，称作官礼茶食，南方的点心，则叫嘉湖细点。

南宋周辉的《北辕录》记载：“金国宴南使，未行酒，先设茶筵。进茶一盏，谓之茶食。” 金国酒宴前的茶食，大概就是能够兼顾解渴、充饥的果子茶。此处的“茶食”，应该迥异于周作人对茶食的考证。

把点茶时添加的果蔬，称之为点心，大概与点茶在民间的流行有关。《越言释》记载：“又古者茶必有点。无论其为硙茶、为撮泡茶，必择

一二佳果点之，谓之点茶。点茶者必于茶器正中处，故又谓之点心。”所谓点心，点的即是置于茶瓯中间的食品。

近代，风靡西北地区的八宝茶（茶中多搭配冰糖、桂圆、红枣、杏干、枸杞、葡萄干、无花果等），以及我们茶杯里泡着的枸杞茶等，其实都属于果子茶的范畴，皆是古代点茶的一种历史遗存。

综上所述，悠悠上古的煮茶旧俗，为突出、呈现果品的丰盛与美味，便演绎出先煎水、后在茶瓯点茶的瓯盏撮泡法。而瓯盏撮泡法，在以蔡襄为代表的文人雅士的改良下，一举升华为宋代的点茶清饮技法。待明末清初工夫茶兴起之后，最终又形成了今天的盖碗泡茶法。承袭旧制，止渴疗饥的果子茶，作为点茶一脉很重要的一种饮茶方式，千百年来，虽然鲜见于文字记载，但在充满着人情味的市井生活里，却一直是红红火火，相续不绝，星火不灭的。

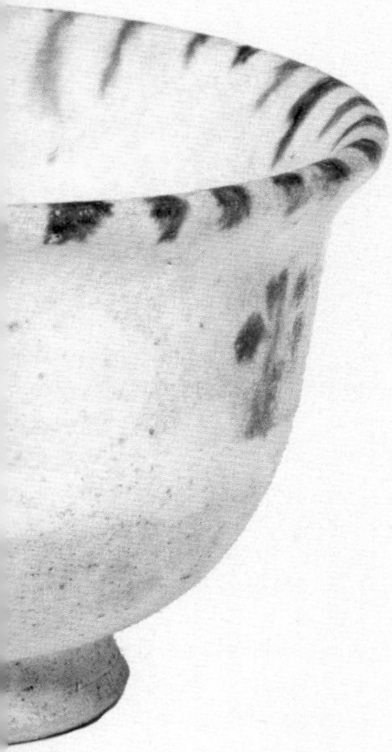

在选择泡茶器的排序上，许次纾认为，内外挂釉的柴、汝、宣、成之类的瓷壶，也是优先选用的泡茶佳器。

壶泡源自中唐始

饮茶的壶泡法，在唐代中期陆羽的《茶经》中，已见端倪。《茶经·六之饮》云："贮于瓶缶之中，以汤沃焉，谓之痷茶。" 缶其小者谓之瓶。古代的瓶、缶、壶，并无太大差别，它们都是圆腔形的器具。《礼记·礼器》记载："门外缶，门内壶。"缶和壶，皆是以小为贵的盛酒器。相对而言，缶更贵重一些，因此，在门外以缶敬酒，在门内用壶献酒。汤可敬在《说文解字今释》中说："缶，大腹、小口、有盖。"先把茶叶投入瓶缶之中，再以沸汤浇而淹茶，即是最早的壶泡法的雏形。清代，叶隽在《煎茶诀》中讲得很明白："瓶中置茶，以热汤沃焉，谓之泡茶。"

明代，最早系统记载壶泡法的，要数张源的《茶录》。据吴门画派创始人沈周为《茶录》作的序跋记载："樵海先生，真隐君子也。平日不知朱门为何物，日偃仰于青山白云堆中，以一瓢消磨半生。" 樵海先生，即是张源。张源，字伯渊，号樵海山人，苏州西山人。他长期隐居西山，汲泉煮茗，殚精竭虑，以究茶之指归。张源泡茶所用的壶，就是当时流行的锡瓢。其泡茶择器，如他所讲："若山斋茅舍，惟用锡瓢，亦无损于香、色、味也。但铜铁忌之。"此时的张源，身处于中国江南的文化高地——苏州，为什么没有以紫砂壶作为泡茶器呢？这是因为他著《茶录》的成书时间，至少是在明代正德四年（1509）之前。而最早的紫砂壶的问世时间，不会早于正德四年。崇祯年间，周高起在《阳羡茗壶系》中说："故茶至明代，不复碾屑、和香药、制团饼，此已远过古人。近百年中，壶黜银锡及闽豫瓷，而尚宜兴陶，又近人远过前人处也。" 也就是说，从正德初年

清乾隆铜胎珐琅冰梅纹壶

到崇祯十三年（1640），在这一百年左右的时间里，泡茶器的革故鼎新，的确存在着从金银器、锡器到瓷器，再到崇尚紫砂壶的一个黜奢崇俭的历史大变局。根据文震亨的《长物志》记载："锡壶有赵良璧者，亦佳，然宜冬月间用。近时，吴中'归锡'，嘉禾'黄锡'，价皆最高，然制小而俗，金银俱不入品。"

赵良璧与"归锡"的主人归复，均是万历年间苏州顶尖的制作锡壶的高手。清代谢堃在《金玉琐碎》中提到归壶时说："取其夏日贮茶无宿味，年久生鲇鱼斑者佳。"嘉禾黄锡，是指万历年间，嘉兴黄裳制作的锡器。嘉靖年间，李日华在《味水轩日记》中记述："里中黄裳者，善锻锡为茶注，模范百出而精雅绝伦，一时高流贵尚之，陈眉公作像赞，又乞余，予数语谩应之。"张岱在《陶庵梦忆》中也写道："锡注，以黄元吉（黄裳）为上，归懋德次之。"并且，张岱同时记载了当时黄锡茶壶不菲的价格，一把价值五六金，与当时的龚春壶、大彬壶等价。

陈师在《茶考》中记载："予每至山寺，有解事僧烹茶如吴中，置磁壶、二小瓯于案，全不用果奉客，随意啜之，可谓知味而雅致者矣。"陈师，钱塘人，明嘉靖三十一年（1552）的举人。其《茶考》的成书时间，大约是在万历二十一年（1593）左右。从陈师的记载可以看出，壶泡法在万历二十一年，已经明确存在了，并且磁壶与茶瓯的泡茶组合方式，应该是从苏州的吴中地区肇始的。从"吴中"与"磁壶"在上文的同时出现，基本能够确认，陈师所见的磁壶，即是我们今天常用的紫砂壶。"磁"是"瓷"的俗称，明清以降，"磁"与"瓷"始才通用。故清初王士祯在《居易录》里说："近日小技著名者尤多，皆吴人。瓷壶如龚春、时大彬，价至二三千钱。"

万历二十五年（1597），许次纾在《茶疏》中，已对当时所见的茶壶，做出了较为准确的系统总结。其中写道：“茶注以不受他气者为良，故首银次锡。上品真锡，力大不减，慎勿杂以黑铅。虽可清水，却能夺味。其次，内外有油瓷壶亦可，必如柴、汝、宣、成之类，然后为佳。然滚水骤浇，旧瓷易裂可惜也。近日饶州所造，极不堪用。往时龚春茶壶，近日时彬所制，大为时人宝惜。盖皆以粗砂制之，正取砂无土气耳。”许次纾，字然明，浙江钱塘人，嗜茶成癖，精于茶理，他对茶注“首银次锡”的选择，仍然受到了唐宋审美与习俗的左右。由于许次纾与时大彬是同时代的人，因此，许次纾在谈到紫砂壶时，才会谈到“往时龚春茶壶，近日时彬所制，大为时人宝惜。”但是，在选择泡茶器的排序上，许次纾认为，内外挂釉的柴、汝、宣、成之类的瓷壶，也是优先选用的泡茶佳器。因为他推崇的茶注，“宜小，不宜甚大。小则香气氤氲，大则易于散漫。大约及半升，是为适可。独自斟酌，愈小愈佳。”而当时的紫砂壶，容量普遍较大，大概在 1—2 升。万历二十一年（1593），张谦德在《茶经》中有如下记载：“茶性狭，壶过大，则香不聚，容一两升，足矣。”

供春之后，开宗立派的里程碑式的紫砂巨匠，要数时大彬了。明末，周高起在《阳羡茗壶系》中评价说：“予为转一语曰：明代良陶让一时，独尊大彬，固自匪佞。”时大彬，号少山，又称时彬。据李斗的《扬州画舫录》记载：乃系宋尚书时彦之裔孙。其父时朋，与董翰、赵梁、元畅，并称为明代制壶“四大名家”。时大彬在祖师供春及其父时朋的影响下，喜做大壶，容量在 2L 左右。周高起在《阳羡茗壶系》中又说：“初自仿供春得手，喜作大壶。”明末清初，周容在《宜兴瓷壶记》里这样写道：“今吴中较茶者，壶必宜兴瓷。云始万历间，大朝山寺僧（当作金沙寺僧）传供春者。供春者，吴氏小史也。至时大彬，以寺僧始，止削竹如刃，刳山土为之。供春更斫木为模，时悟其法，则又弃模。”此文虽短，

大彬壶
美国大都会艺术博物馆藏

却是异常重要，它准确记述了金沙寺僧、供春与时大彬三人之间的传承关系及其紫砂制作技术的演变。

时大彬在其子参加院试时，游历娄东。据明末江盈科所著《谐史》记载："宜兴县人时大彬，居恒巾服游士夫间。性巧，能制磁罐，极其精工，号曰时瓶。有与市者，一金一颗。郡县亦贵之，重其人。会当岁考，时之子亦与院试。"从上文可知，时大彬出行时，穿的还是明代文人的巾服，以一副文人的装扮，游走在官宦、文人之间。周高起的《阳羡茗壶系》，对时壶由大变小的缘源及其这段重要经历，讲得非常清楚："后游娄东，闻陈眉公与琅琊、太原诸公，品茶试茶之论，乃作小壶。"也就是说，时大彬在游历娄东时，受到陈继儒、王诗敏、王鉴等文人的影响之后，才开始把紫砂壶小型化、文人化、精致化的。自此以后，需要双手持举泡茶的大壶，才改变为单手可持的文气小壶。正是因为时大彬，在洞察领悟到文人泡茶的真正需求之后，更符合文人情趣与审美的新设计的紫砂小壶，因其粗而不媚、朴而大雅，得幽野旨趣，才会成为文人案头的清供雅器，如周高起所言："几案有一具，生人闲远之思。"

明代天启元年（1621），文震亨在《长物志》中说："时大彬所制又太小。"文震亨认为最佳的泡茶器，应该是："若得受水半升，而形制古洁者，取以注茶，更为适用。"由此可见，以文震亨为代表的明末文人，他们推崇的泡茶器的容量，与万历年间许次纾对茶注的要求，是基本一致的。他们认为"是为适可"的紫砂壶的容量，大约是在500ml左右。而时大彬所做的小壶，其容量究竟为多大呢？从目前有迹可查的资料推测，其容量应在300ml左右，但不会低于200ml。

张源规范壶泡法

在鉴茶的审美上，张源主导茶色以青翠为胜，一改宋代以降的茶以翠白为上的教条标准。

元代的茶饮，有片有散，其饮茶风尚重散轻饼。元代的片茶，是指饼茶，也包括仍像宋代合诸香而成的茶饼、蜡面茶等。随着茶的揉捻工艺的发明，元代的饮茶，开始以散茶、末茶为主，这从客观上促进了瓯盏撮泡法与壶泡法的成熟与完善。

明代张源在《茶录》里，详尽记载了茶的壶泡之法。他说："探汤纯熟，便取起。先注少许壶中，祛荡冷气倾出，然后投茶。茶多寡宜酌，不可过中失正，茶重则味苦香沉，水胜则色清气寡。"张源眼中泡茶用水的"纯熟"，是指用活火烧成的沸水，其状态为水蒸汽"气直冲贯"，即陆羽所言的"腾波鼓浪，为三沸"，不可用未真正沸腾的水（即萌汤）去泡茶。壶泡伊始，先要以少许沸水涤壶，一是为祛除壶内遗留的宿气、杂味，二是为提高壶体的泡茶温度，以利于茶的香气彰显。投茶的多寡，需要根据壶的容量仔细斟酌，控制好恰当的茶水比例，不可过中失正。在今天，我们很清醒地知道，假若茶汤泡浓了，势必会因咖啡碱析出过多而味苦，其杂味、火气会成倍的放大，茶的本真香气也会被遮蔽或低沉不扬，这也是茶浓香浊的根本所在。假如是水多茶少，必然会造成茶汤的滋味寡薄、汤色清淡。

在向壶内投茶时，要根据季节的不同，分为上投、中投、下投三法。张源对此写道："投茶有序，毋失其宜。先茶后汤曰下投。汤半下茶，复以汤满，曰中投。先汤后茶曰上投。春秋中投，夏上投，冬下投。"这个观点看似新颖，其实并无多少科学道理。无论是春夏秋冬，只要泡茶水温

不低于 85° C 左右，所泡出的茶汤，几无差别。不过，张源的泡茶思路，值得我们在泡茶实践中灵活借鉴。例如：嫩度较高、适于观赏的头春绿茶，可以上投；比重较轻的夏秋茶，可以采用下投法。无论是选择上投、中投、下投，其本质解决的还是一个水的温度问题。泡茶水温，首先，影响的是茶的香气；其次，影响的是茶叶内含物质析出的多少，即影响浓度、滋味等。

以壶冲泡绿茶，两巡以后，则茶汤会寡淡无味，需要及时清理茶渣。用冷水荡涤壶体，否则会因异味的遗留，可能会影响到下次泡茶时气息的纯净度。上述张源的这个观点，影响到了万历年间的许次纾，故许次纾在《茶疏》中说："一壶之茶，只堪再巡。初巡鲜美，再则甘醇，三巡意欲尽矣。"不仅如此，许次纾还说："每注茶甫尽，随以竹筋尽去残叶，以需次用。瓯中残沉，必倾去之，以俟再斟。如或存之，夺香败味。"竹筋，即是竹筷子。白居易有诗："白瓯青竹筋，俭洁无膻腥。"此处可引申为是竹制拨茶器。许次纾选择的泡茶用器，不同于张源，他用的是紫砂壶。每泡茶完毕，必须要用竹制茶拨，把壶内及茶瓯内的残渣清理干净，并用清水洗涤，否则再用，不仅夺香败味，而且也很不卫生。对于此类问题，崇祯年间的周高起，在《阳羡茗壶系》中，批判得更是一针见血。他说：泡完茶后的紫砂壶，"宜倾竭即涤，去厥渟滓。乃俗夫强作解事，谓时壶质地紧结，注茶越宿暑月不馊，不知越数刻而茶败矣，安俟越宿哉！况真茶如蓴脂，采即宜羹，如笋味触风随劣，悠悠之论，俗不可医。"即使是在今天，还有为数不少的人，仍受市场误导以讹传讹，在泡完茶后，不及时清理干净壶内的茶渣，还大言不惭地说："谓之养壶。"此是多么的可叹、可悲、可笑！

在泡茶时，向壶内投放干茶，张源大概率也与许次纾一样，都是以手抓茶入壶内的。明末清初，刘源长的《茶史》在引用诠释许次纾的《茶疏·饮啜》一章时，已明确写道："投茶用硬背纸作半竹样，先握手中，以汤之多寡，酌茶之多寡。"这意味着专用的茶荷，已经明确出现。若与张源、许次纾等人的"握茶在手""随手投茶"相比，刘源长的投茶方式，要卫生、进步多了。

在投茶前，首先要向壶内注入少量的沸水，随即倾出，以洁净其宿味，提高壶体的温度，然后投茶，再注满水，旋以盖覆。如果按照许次纾《茶疏》的记载，他的泡茶出汤时间，为六个"呼吸顷"，大约为24秒钟左右。待投茶入壶三个呼吸顷时，先将茶汤初次倾入茶杯之中，此时的茶汤可能偏于清淡。必须将茶汤再次倒入壶内，以增加其浸出浓度。大约又经过三个呼吸顷时，始可把茶汤再次注入茶杯内。此时还要观察、判断茶汤的浓度是否恰当，待臻于最佳后，始可供客人品鉴。此时的茶汤，才会乳嫩清滑，馥郁鼻端。

刘源长在《茶史》中，也记载了壶泡法的大约时间，但其模式与许次纾所述基本一样，只不过把时间缩短为了两个"呼吸顷"。其文曰："呼吸顷，满顷一瓯，重投壶内，以动荡其香韵。再呼吸顷，可泻以供用矣"。刘源长与许次纾对以壶泡茶出汤时间的分歧，估计与其选用的茶壶的大小及其投茶量的悬殊有关。无论是谁泡茶，对茶的出汤浓度及其香韵，把控得恰恰好，似淡而实美，才是健康的茶之大道。

从许次纾《茶疏》与刘源长《茶史》的记载来看，二人以壶泡茶时，采用的均为上投法，"俟汤入壶未满，即投茶，旋以盖覆"（刘源长《茶史》）。

在出汤的控制上，张源写道："稍俟茶水冲和，然后分酾布饮。酾不宜早，饮不宜迟。早则茶神未发，迟则妙馥先消。"茶水冲和，是指茶汤

明代紫砂壶，高 12.4 厘米，宽 14.9 厘米

浓度恰当，滋味五味调和。在品茶时，既不能分酾茶汤过早，早则滋味寡淡，也不能饮得太凉，若是茶汤温度低了，则茶的香气低沉不扬。

在鉴茶的审美上，张源主导茶色以青翠为胜，一改宋代以降的茶以翠白为上的教条标准。张源又说："黄、黑、红、昏"俱不入品，张源的这个观点非常典型，在明代以前乃至以后，其社会影响都极其深远。清代著名医家王孟英，在《随息居饮食谱》中说："茶以春采色青，炒焙得法，收藏不泄气者良。色红者，已经蒸庵，失其清涤之性，不能解渴，易成停饮也。"可见，古人已经长期习惯于绿茶的审美，对氧化变红的茶汤或者茶色，从视觉上与内心都是难以接受的。这也是明代以降的文人雅士，少饮红茶、黑茶的主要原因。在茶盏的审美上，张源首次提出："盏以雪白者为上，蓝白者不损茶色，次之。"一灯能破千年暗。张源言高旨远，深刻影响了后世文人雅士对于茶与茶器的审美。

综上所述， 张源首创的壶泡法，包括：辨茶、备器、择水、取火、候汤、温壶、洗茶、投茶、冲注、分酾、品啜等诸要素。其中的择水、取火、侯汤等，依旧赓续了唐宋遗法，并无多少新意。 但其倡导的"造时精，藏时燥，泡时洁。精、燥、洁，茶道尽矣" ，委实别出心裁地系统总结出了明代茶之道的精髓。

张源的壶泡法问世之后，大约在正德、嘉靖年间，江南宜兴紫砂壶艺的开山鼻祖供春，借用陶土中水洗出的紫砂泥，"茶匙穴中，指掠内外"，采用最原始的成型技术，创制出了历史上的第一把紫砂壶。当供春的制壶技法，影响到了时大彬；当江南的文人，点醒了时大彬如何去做文人壶以后，紫砂壶的制作，从此开始蜕故孳新，渐入佳境。自时大彬创始，紫砂壶便一改往昔的器大而憨，开始变得巧妙文气。当创新后的紫砂壶，兼具了实用、精致、把玩属性以及文人清赏的幽野旨趣之后，壶泡法自然也会

明代紫砂壶，高 9.4 厘米，宽 15.6 厘米

伴随着紫砂壶的进一步雅致化，而迅速普及开来。

从明代茶书的出版情况，也能看到江南文人饮茶的勃兴。明代出版的茶书，大约有56种之多。除了朱权的《茶谱》，其余全是嘉靖以后的作品，尤以万历年间居多。当然，明代中后期茶书的问世之多，既与江南刻书印刷业的发达相关，更与江南的富庶以及苏州、宁波一带商品经济的繁荣有关。茶书出版之盛，更是直接反映了江南文人的茶事兴盛、饮茶的蔚然成风。当文人雅士成为引领明代壶泡法的主导力量以后，必然会促进紫砂壶在设计风格、制作技艺与审美水平的空前提高。嘉靖至万历年间，时大彬、李仲芳、徐友泉等巨匠的人才辈出，一改早期砂器类的粗气、匠气、俗气，这绝非是偶然现象。万历年间，程用宾在《茶录》中说："壶，宜瓷为之。茶交于此。今仪兴时氏多雅制。"此时，江南文人较茶必用宜兴壶的根本原因，正如程用宾所讲，是以时大彬为代表的紫砂壶多有雅制。对于"新"与"雅"的追求，是人类的天性，而饮茶之人在极力突出癖好、彰显个性、摆脱俗气之时，无论是见贤思齐，还是附庸风雅，都会极大地推动紫砂壶的社会需求及壶泡法的不断向前发展。

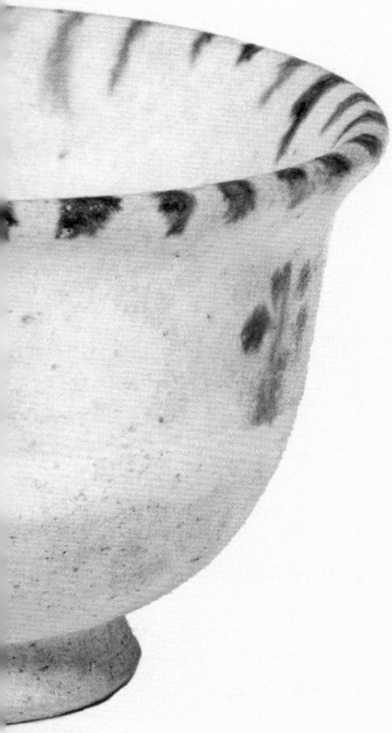

含砂量高的紫砂壶，烧结温度高，故无土腥气味，但其缺点是烧成率低，因此愈加贵重。

继往开来数《茶疏》

万历二十年（1592）前后，程用宾的《茶录》，几乎全盘继承了张源《茶录》的主要思想与观点。所不同的是，程用宾在《茶录》的壶泡法，使用的是紫砂壶。他在《茶录·末集》一章明确写道：泡茶用壶，“宜瓷为之，茶交于此。今仪兴史氏多雅制。”宜兴瓷壶，即是宜兴紫砂壶的别称。

万历二十五年（1597）左右，许次纾继往开来，细化、发展了张源的壶泡法。许次纾所处的年代，供春壶、大彬壶等业已问世。周高起在《阳羡茗壶系》中记载：“至名手所作，一壶重不数两，价重每一二十金，能使土与黄金争价。” 可见，此时的名手壶，已非常人可以涉足。那时人们常用的泡茶壶，主要为锡壶、磁壶等。据许次纾《茶疏》的记载：“往时龚春茶壶，近日时彬所制，大为时人宝惜。盖皆以粗砂制之，正取砂无土气耳。随手造作，颇极精工，顾烧时必须为力极足，方可出窑。然火候少过，壶又多碎坏者，以是益加贵重。火力不到者，如以生砂注水，土气满鼻，不中用也。较之锡器，尚减三分。砂性微渗，又不用油，香不窜发，易冷易馊，仅堪供玩耳。其余细砂，及造自他匠手者，质恶制劣，尤有土气，绝能败味，勿用勿用。”许次纾所讲的粗砂壶，是指含砂量较高的紫砂壶。含砂量高的紫砂壶，烧结温度高，故无土腥气味，但其缺点是烧成率低，因此愈加贵重。我们今天市场上的很多紫砂壶，土气满鼻的主要原因，与明代一样，也多为质料驳杂、火力不到、烧结温度低等，如此烧出的紫砂壶，正像许次纾所说：绝能败味，不中用也，较之锡壶，尚减三分。

清代瞿子冶紫砂壶

万历三十一年（1603），罗廪在《茶解》中倡导，壶的大小要与烧水的注子相称，其材质“或锡或瓦”。瓦壶，即是紫砂材质的泡茶壶。对于茶瓯的选择，罗廪首次提出了“以小为佳，不必求古，只宣、成、靖窑足矣。”自明代中叶伊始，士人阶层崇古之风渐盛，曾被世人捧为珍品的宋代的官、哥、汝、定茶瓯，因容量过大或釉色不宜表达茶汤，而被罗廪等文人摒弃，这在当时，的确是非常客观、理性的认知。庄子说：“以道观之，物无贵贱。”茶器归属于实用器，当以健康、端庄、好用为贵。另外，在对待洗茶这个问题上，罗廪比明代其他茶家的审美与格局要高明、宏大许多，也更清醒。罗廪对此强调说：岕茶为什么要洗？是因为“其气厚，不洗，则味色过浓，香亦不发耳。”淡极始知花更艳。若茶汤味色过浓，浓则失真，则茶之真味、真香，易被焦躁火气、青气等驳杂气息所干扰或遮蔽，故好茶的韵致，要从淡中寻。这一点，类似于宋代建茶制作过程中的榨茶工艺，需要大榨出其膏。因建茶味远而力厚，膏之不尽，则色味重浊矣。越是高等级的佳茗，越需要饮者审美与鉴赏能力的同步提高。不同人对同一款茶的不同评判，从根本上讲，还是审美高下的差别。宋人

元代钧窑碗

冲淡简洁、致清导和的审美，与罗廪事茶的思想不谋而合，故其手烹香茗的此种幽趣，难与俗人言，只能为知者道也。对于其他名茶，罗廪则坚定地说："自余名茶，俱不必洗。"今天，我们知道，对于头春的名优绿茶，无原则的刻意洗茶，皆是对茶的践踏与浪费。

罗廪能有如此高远的审美，源于他不仅是位学者、隐士，亦是一个书法大家。他与《茗笈》的作者屠本峻，同为宁波人。而出身官宦世家的屠本峻，能够写出《茗笈》，据他自述，是得益于同乡闻龙《茶笺》的启示。屠本峻虽然长屠隆（《考槃馀事·茶说》作者）一岁，二人却是分联

南宋龙泉茶碗，高 5.6 厘米，口径 11.1 厘米

祖孙，情同手足。闻龙、屠本峻、屠隆、罗廪，四人年龄相仿，同居宁波，著述阐发却是亮点纷呈、各有千秋，尤其是对绿茶的炒焙，多有心得与创见，这就形成了中国茶书史上一种独特的文化井喷现象。宁波的经济繁荣、望族荟萃、经学兴盛、文脉深厚，是其根植的丰厚土壤。

在茶壶的选择上，许次纾可谓高屋建瓴。他说："所以茶注欲小，小则再巡已终，宁使余芬剩馥，尚留叶中，犹堪饭后供啜漱之用，未遂弃之可也。若巨器屡巡，满中泻饮，待停少温，或求浓苦，何异农匠作劳。但需涓滴，何论品尝，何知风味乎。"泡茶用壶的容量，不能太大。若是大了，茶水比例不好把控，否则，茶汤不是偏淡，就是偏浓；水温也不易控制，饮快了偏热，饮慢了偏凉。上述种种，不但不利于健康，而且也会失去了品茶的雅致与意蕴。但是，茶壶也不宜太小，涓滴之茶汤，又怎能品出茶的风味？那么，许次纾的自用之壶容量，以多大为佳呢？当茶叶泡到第二次的时候，恰恰能够喉吻润、受至味、得雅趣，这样的容量足矣，何须求大？留有余，不尽之巧以还造化。对于那些过量饮茶、嗜饮浓茶，甚或是把一壶茶、从头至尾饮至乏味方罢的人，许次纾又告诫道："但令色香味备，意已独至，何必过多，反失清冽乎。"陆羽在《茶经》中也说："茶性俭，不宜广，广则其味黯淡。"黯淡寡薄之茶再饮，只为饱腹，缺少啜苦咽甘的回味，无异于自讨没趣。否则，茗碗之事，何以耗壮心而送日月？茶之兴味，自陆羽始。然则啜茶者日多，知味者渐少，千百年来，概莫能外。

许次纾的"一壶之茶，只堪再巡"，引出了他与好友冯开之的三巡之戏论。"以初巡为停停袅袅十三余，再巡为碧玉破瓜年，三巡以来，绿叶成阴矣。开之大以为然。"许次纾以不同年龄段的女人喻茶，大概是受了苏轼"从来佳茗似佳人"的影响，但其格调、趣味不是甚高。尽管如此，许次纾的戏论，对后世还是影响甚大。《红楼梦》中妙玉的三杯茶论：“一杯为品，二杯即是解渴的蠢物，三杯便是饮牛饮骡了”，是对许次纾三巡之论的演绎。林语堂的“严格地说来，茶在第二泡时为最妙。第一泡好比一个十二三岁的幼女，第二泡为年龄恰当的十六岁女郎，而第三泡则已是少妇了”，则是完全承袭了许次纾之论的衣钵，从而变得更加肉麻与低俗。

人非圣贤，瑕不掩瑜。在饮茶的具体实践中，许次纾还是总结出了很多切实可行的措施与经验。例如：饮时宜“心手闲适、披咏疲倦”，“风日晴和、轻阴微雨”等；不宜用“恶水、敝器、铜匙、铜铫”“不洁巾帨、各色果实、香药”等；不宜近“阴室、厨房、市喧、小儿啼、野性人、酷热斋舍”等。

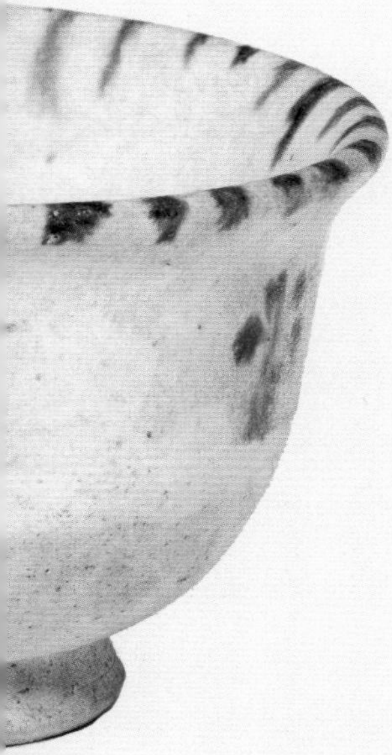

闵茶明末甲天下

闵汶水与唐代茶道大家常伯熊一样，述而不作，都是被茶史严重忽略掉的，且对茶艺发展有着巨大贡献的一代巨匠。

元代茶的揉捻工艺的诞生与明初废团改散的综合推动，使得散茶大兴于天下，尤其是在张源壶泡法的影响及明末紫砂壶在江南地区的热崇下，紫砂壶的设计，又迎合了文人自斟自饮的饮茶风尚，很快便从民生日用中脱颖而出，以其砂粗质古、气韵幽野、妙不可思、可堪把玩清供，更加深入人心，用者日众。

从唐代陆羽《茶经》煎茶的“为饮最宜精”，到宋徽宗《大观茶论》点茶的“采择之精，制作之工，品第之胜，烹点之妙，莫不盛造其极”。从明代朱权《茶谱》的“汲清泉而烹活火”，“崇新改易，自成一家。”到黄龙德的《茶说》之论：“若今时姑苏之锡注，时大彬之砂壶，汴梁之汤铫，湘妃竹之茶灶，宣成窑之茶盏，高人词客，贤士大夫，莫不为之珍重，即唐宋以来，茶具之精，未必有如斯之雅致。”数百年来，烹茶之法，从炙茶、捣茶、碾茶、罗茶、置器、择水、选炭、取火、候汤、烹茶、酾茶、品茶等，其技法不可谓不完备；茶器不可谓不精良；茶灶疏烟，游心幽栖，不可谓不闲雅清致；灌漱徐啜、甘津潮舌，品饮不可谓不细腻有方；那么，为什么此前的文人饮茶方式，不能称之为工夫茶呢?首先，是因为文人雅士对茶的追求，仍关乎着自己的心灵与品行，还很纯粹，其对茶与茶器的追逐及泡茶技法，还没有世俗化、商品化的影子出现；其次，是彼时的茶器，尚未真正实现小型化。当茶日趋商品化，当茶器渐渐标签化，当泡茶、品茶逐渐功利化，工夫茶的雏形，就随时会跃然而出了。

子冶石瓢
美国芝加哥艺术学院藏

在中国饮茶史上，最早推动茶器小型化、品茶趋于精细化的启蒙者，究竟是谁呢？他就是明代万历年间，在江南“以汤社主风雅”的茶道大家闵汶水。闵汶水与唐代茶道大家常伯熊一样，述而不作，都是被茶史严重忽略掉的，且对茶艺发展有着巨大贡献的一代巨匠。

闵汶水，安徽休宁人，大约生于明代隆庆二年（1568），客居南京桃叶渡，其茶馆“花乳斋”名满金陵。明末清初王弘的《山志》记载：“今之松萝茗有最佳者，曰闵茶。盖始于闵汶水，今特依其法制之耳。汶水高蹈之士，董文敏亟称之。”董文敏，即是大名鼎鼎的董其昌。清初，陈允衡在《花乳斋茶品》中写道：“因悉闵茶名垂五十年，尊人汶水隐君别裁新制，曲尽旗枪之妙，与俗手迥异。董文敏以‘云脚闲勋’颜其堂，家眉翁征士作歌斗之。一时名流如程孟阳、宋比玉诸公皆有吟咏，汶水君几以汤社主风雅。”陈允衡，大约生活在清代顺治前后，以诗歌自娱，与王士祯、施闰章交情笃深。从陈允衡的赞美可以读出，南京礼部尚书、书法大家董其昌，主动为闵汶水的茶馆——花乳斋，题写了“云脚闲勋”的匾额。大名士陈继儒、名流程孟阳、宋比玉等皆为之作歌、赋诗以赞美。闵汶水以一杯闵茶，左右着江南文人饮茶的风流时尚。使得明末的文人墨客、士子名流、秦淮名艳、各色人等，无不对“花乳斋”趋之若鹜。由此可见，闵汶水在江南文艺圈的影响力之大。这种无上风光与待遇，是此前的历代茶人，从未有过的北斗之尊，因此，称赞闵汶水是明末的茶坛领袖，一点也不夸张。

闵汶水制作的闵茶，“别裁新制，曲尽旗枪之妙，与俗手迥异。”以至于董其昌饮后，在《容台集》中这样评价：“金陵春卿署中，时有以松萝茗相贻者，平平耳。归来山馆得啜尤物，询知为闵汶水所蓄。”闵汶水所制的松萝茶最精，极富特色，这也是见多识广的董其昌再三称道闵茶的

明代永乐青花茶盅，高3.9厘米，口径8.9厘米

明代嘉靖年间
甜白八方茶盅

主要原因。

闵汶水制作的松萝茶，继承了大方和尚制茶的精髓，使明代最为时尚的松萝茶，在闵汶水的手里，再一次大放异彩。许次纾在《茶疏》中写道："若歙之松萝，吴之虎丘，钱塘之龙井，香气浓郁，并可雁行，与岕颉颃。往郭次甫亟称黄山，黄山亦在歙中，然去松萝远甚。"许次纾之论，大概是古时"松萝香气盖龙井"的出处。清末著名学者俞樾，因无缘品到闵茶，便遗憾地在《茶香室丛钞·闵茶》中说："余与皖南北人多相识，而未得一品闵茶，未知今尚有否也。"

代表着晚明较高审美趣味与文人风雅的文震亨，在《长物志》卷十二"香茗、松萝条"写道："南都曲中亦尚此。"南都曲中，是指南京秦淮河南畔的旧院歌姬，又称南曲。南曲歌姬容姿俏丽，通常以艺示人，如秦淮八艳。秦淮河北面的妓院，又称朱市。朱市的条件比较简陋，女子的身价也较低廉。南京的江南贡院，正与南曲遥对，仅隔秦淮一水，这窄窄的"盈盈一水间"，织就了天下无数的应试才子佳人梦。闵汶水把自己的茶馆"花乳斋"，建在不远处的桃叶渡，大概就是吃准了十里秦淮、桨声灯影里的金粉荟萃，商贾云集。其中最有名的王月生，本是出生在朱市的曲中名姬。王月生，虽寒淡如孤梅冷月，却是异常钟情于闵老子制作的松萝茶的。张岱在《陶庵梦忆·王月生》中写道：王月生，"不喜与俗子交接。""好茶，善闵老子，虽大风雨、大宴会，必至老子家啜茶数壶始去。所交有当意者，亦期与老子家会。"很巧合的是，为《长物志》作序的沈春泽等人，曾不惜耗费千金，在南京歌姬中选美，而此次名列花榜状元的，正是王月生，一时声震都下，名动公卿。从文震亨的隐隐闲笔可以推断，沈春泽与文震亨，都应该是品过且熟悉闵茶的，且与王月生也是熟识的，都曾忍把浮名，换了浅斟低唱。据张岱记载，王月生，"曲中上下三十年，绝无其比也”。张岱在《曲中妓王月生》诗云：“及余一晤王月生，恍见此茶能语矣。”“但以佳茗比佳人，自古何人见及此？”这说明，令“南曲诸姬皆色沮”，令张岱心潮澎湃的王月生，既与闵老子交情甚笃，也是频频光临花乳斋的常客。鉴于此，我们是否可以推测，能吸引王月生的，不仅仅是独具特色的闵制松萝茶，还有闵老子的高韬不群以及过人的泡茶技法。

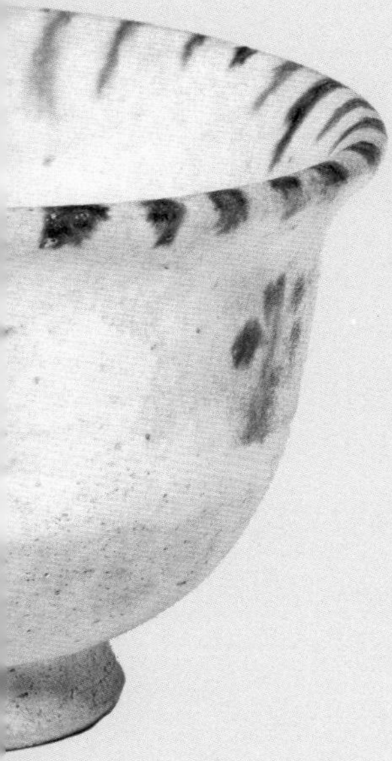

酒盏酌客花乳斋

闵汶水的标新立异，率先以小酒盏待客，而小酒盏的容量，又决定了其使用的泡茶器的容量也一定较小，有违明末传统文人对茶、对器的习惯与审美。

自六朝至明清，南京桃叶渡皆是河舫竞立、灯红酒绿的风流繁华之地。崇祯年间，李香君曾在桃叶渡置酒，歌《琵琶词》赠侯方域。位居秦淮河畔桃叶渡的花乳斋，因闵老子的茶品超凡、茶艺精湛而极负盛名。这不仅吸引来了世家子弟张岱，还吸引来了诸如董其昌、陈继儒、阮大铖、宋比玉等高官名流，而且还有往来江南贡院、参加科举考试的才子以及秦淮河畔的脂粉佳人，乃至青年才俊周亮工等等。在中国饮茶史上，像闵老子这样，没有著述问世，仅仅因茶而名动朝野的，恐怕没有几人。

明末崇祯十一年（1638）九月，42 岁的张岱，自绍兴乘船，来到南京拜访闵汶水。此时的闵汶水，已是婆娑一老。张岱看到的花乳斋内："明窗净几，荆溪壶、成宣窑磁瓯十余种，皆精绝"（张岱《陶庵梦忆》）。张岱眼中的闵老子："汶水喜，自起当炉。茶旋煮，速如风雨。"张岱在《茶史序》补充道："老子大笑曰：'余年七十，精饮事五十余年，未尝见客之赏鉴若此之精也，五十年知己，无处客右。'"按照张岱的记述，1638 年，他首次去拜访闵老子时，闵汶水已是七十岁的老人了。那么，基本可以认定，闵老子的出生时间，大概为明代隆庆二年（1568）。

梳理清楚闵老子的去世时间，对了解中国工夫茶的起源，具有非同寻常的重要意义。要想探明这段不太明朗的历史，只能在张岱与周亮工等人的笔记与尺牍中，抽丝剥茧，去慢慢还原出那些不为人知的片段。

明代天启七年（1627），与张岱一起做兰雪茶的三娥叔，不携寸镪，远走京师，立取内阁秘书。崇祯六年（1633），张岱在绍兴的露兄茶馆，

明代成化折枝宝莲纹杯

明代宣德波涛缠枝莲纹碗

用阳和泉水，冲泡市场上仿制的兰雪茶。此兰雪茶，如张岱《兰雪茶》所记："雪芽得其色矣，未得其气，余戏呼之'兰雪'。四五年后，'兰雪茶'一哄如市焉。"这说明，张岱亲自制作兰雪茶的时间，是不会晚于崇祯六年的。而张岱在《与胡季望》书中写道："弟携家制雪芽，与兄茗战。"张岱为什么要与胡季望斗茶呢？这是因为胡季望精于茶理，其制作、品评茶的水准，仅次于闵老子而非自己所能及，且他家中的茶，是用建兰、茉莉熏蒸过的，独擅其美。更为关键的是，张岱在书信开篇即写道："金陵闵汶水死后，茶之一道绝矣。"这封书信的写作时间，假如无法确认，那么，就意味着闵汶水的去世时间，自然也不好定论。我们把目光放远一点，就会发现，清顺治三年（1646），张岱五十岁时写就的《自为墓志铭》说："年至五十，国破家亡，避迹山居，所存者破床碎几，折鼎病琴，与残书数帙，缺砚一方而已。布衣蔬食，常至断炊。回首二十年前，真如隔世。"顺治七年（1650），张岱在绍兴茶市，见到市场上仿制的兰雪茶，无钱购买，只能嗅嗅而已，可见其穷困落魄程度。他在《见日铸佳茶不能买嗅之而已》诗云："余经丧乱余，断饮已四祀。""盈斤索千钱，囊涩止空纸。"也就是说，到了顺治三年，张岱已经家徒四壁、食不果腹，更遑论携家制兰雪茶与人茗战了。其人生起落，判若云泥。从以上张岱在《陶庵梦忆》所记的事实，基本能够证明，张岱的《与胡季望》书的写作时间，不会晚于顺治三年，如此，基本就可以确定，闵老子的去世时间，也一定不会晚于顺治三年。

清初，汪楫在《闽小记序》中说："《闽小记》一书，乃栎园先生莅闽时所辑，于去闽之后十年，楫始得受而读之。"这说明，《闽小记》一书，是周亮工在福建为官时所著。据《清代职官年表》记载，周亮工是在张岱首次拜访闵老子后的第三年，即崇祯十三年（1640）中的进士，时年

29 岁。崇祯十四年（1641），任山东潍县令。清代顺治四年（1647）四月，擢福建按察使，时年 36 岁。顺治六年（1649）五月，擢福建布政右使，当年腊月过南京，与龚定孳共醉于市隐园。秦淮八艳中，其才貌位列南曲第一的顾横波，最后嫁给了龚定孳。顾横波十八岁时，曾与李香君、王月生等人，一同参加过郑元勋在南京成立的“兰社”。龚定孳在《送周栎园方伯北上》有诗：“白门梅时花，相见如梦寐。”不久之后，周亮工途经扬州，与上文的汪楫于此相识。

既然能够确定闵汶水的去世时间，最晚不晚于顺治三年，这就可以证明，周亮工去见闵老子时，他还没有考取功名，从而没有受到闵老子的青睐。鉴于此，也就很容易理解周亮工所说的，闵老子在他面前“高自矜许”“水火自任”了。而张岱在初次见闵老子时，闵老子已经拄起了拐杖。

清初，周亮工在《闽小记》写到闵老子时说：“歙人闽汶水，居桃叶渡上，予往品茶，其家见其水火皆自任，以小酒盏酌客，颇极烹饮态，正如德山担青龙钞高自矜许而已，不足异也。”这一段记述，应该是周亮工对他早期南京生活的回忆。此时的他，对闽茶还不甚了解。

周亮工，字元亮，又有陶庵、栎园等别号。万历四十年（1612）生于南京。崇祯二年（1629），18 岁的周亮工加入复社。第二年，他与吴梅村、黄宗羲等人，会饮于秦淮舟中。崇祯十三年前后，周亮工与方以智等人同中进士。第二年谒选赴京，并任职莱州府潍县令。周亮工于清顺治四年四月，赴福建任职，此时的闵老子，已经驾鹤西去。

从周亮工的生平交游与记述推断，周亮工去见闵老子时，应是在未获功名或未成名前，从而感觉自己受到了闵老子的轻视，否则，书香门第出身的周亮工，又作为一名南京文人，不会对同居一片天地下的闵老子，在数年后，仍存留着满腹的不平与怨气。为此，他在《闽小记》中愤愤不平

明代成化斗彩鸡缸杯，高 4.0 厘米，口径 8.3 厘米 台北故宫博物院藏

地写道："秣陵好事者，常诮闽无茶，谓闽客得闵茶，咸制为罗囊佩而嗅之，以代旃檀，实则闽不重汶水也。闽客游秣陵者，宋比玉洪仲韦辈类，依附吴儿，强作解事，贱家鸡而贵野鹜，宜为其所诮欤，三山薛老亦秦淮汶水也，薛尝言，汶水假他味逼作兰香，究使茶之本色尽失，汶水而在闻此，亦当色沮，薛常住屴崱自为剪焙，遂欲驾汶水上。"当周亮工写下这段文字时，闵老子早已去世。莆田人宋比玉，也已在崇祯四年（1631）病逝于南京。

崇祯四年，周亮工才20岁，还在夜则读书达旦，日则游行登览。为什么也对资历、盛名比他深几许的闽籍前辈宋比玉、洪仲韦等，存有那么大的意见呢？大概率还是周亮工年少气盛时，在闵老子那里受到了轻视与薄待，故胸中块垒，难以释怀。当周亮工入闽，熟悉了闽茶之后，他在《闽小记》中较客观地承认："闽茶实不让吴越，但烘焙不得法耳。予视事建安，戏作闽茶曲。"

不过，最难得的是，周亮工能在《闽小记》中，记下了闵老子泡茶时的奕奕神采："其家见其水火皆自任，以小酒盏酌客，颇极烹饮态。"此刻的周亮工，为什么会认为闵汶水"不足异也"呢？首先，是周亮工出身于官宦世家，家学渊源，博学多才而又少年得志，自视甚高。其次，是因闵汶水的标新立异，率先以小酒盏待客，而小酒盏的容量，又决定了其使用的泡茶器的容量也一定较小，有违明末传统文人对茶、对器的习惯与审美。

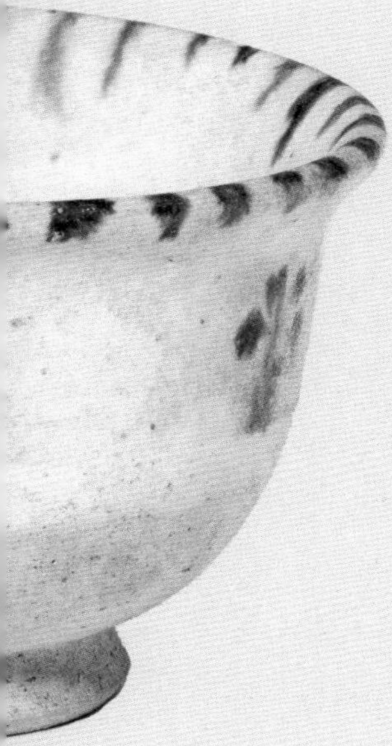

工夫茶始闵老子

能在世俗的工夫茶饮中，
感受到饮茶之美、饮茶之乐，以此消渴除烦，
清心神而出尘表，不也是高雅之美吗？

明末文人的优雅代表文震亨，在天启年间，与好友沈春泽一起，曾在六朝烟水金粉之地的南京，赋诗作画，品茶听曲，与闵老子、王月生等，因茶在秦淮河畔有过交集，与阮大铖也互有唱和。文震亨有《秣陵竹枝词》诗云：“秦淮冬尽不堪观，桃叶官舟阁浅滩。” 时人称：“词一出而唱破乐人之口，士大夫又群而称之。”可见，文震亨在江南的影响力之大、社会声望之高。因此，书香世家出身、表征着吴中风雅的文震亨，其对茶对茶器的认知，基本能够代表明末文人的美学高度与艺术水准。

文震亨在《长物志》认为：“壶以砂者为上”，“若得受水半升，而形制古洁者，取以注茶，更为适用”，“青花白地诸俗式者，俱不可用”。文震亨对茶盏的选择，基本照搬或抄袭了屠隆《茶笺》的原话：“宣庙有尖足茶盏，料精式雅，质厚难冷，洁白如玉，可试茶色，盏中第一。”宣德年间的尖足茶盏，即使是在较大的博物馆里也极罕见。它的使用，必须要与朱红的漆雕茶托配套方可。由此可见，尖足茶盏的形制，仍然受到宋代审美的影响，其容量还是蛮大的。文震亨在谈到松萝茶时，则说“南都曲中亦尚此”，这就进一步明确了，以王月生为代表的秦淮名姬，皆崇尚隔壁花乳斋的闵茶。而张岱初见闵老子时，被闵汶水“导至一室”，只见“明窗净几，荆溪壶、成宣窑磁瓯十余种，皆精绝”，却是大有深意。张岱在闵汶水的花乳斋，所看到的荆溪壶、成化、宣德年间的茶瓯，即是以文震亨为代表的文人所崇尚的古雅之物。青花瓷壶，俗不可用。大彬壶虽雅，但小于半升，亦不适用。但是，闵老子为什么要向张岱展示自己收藏

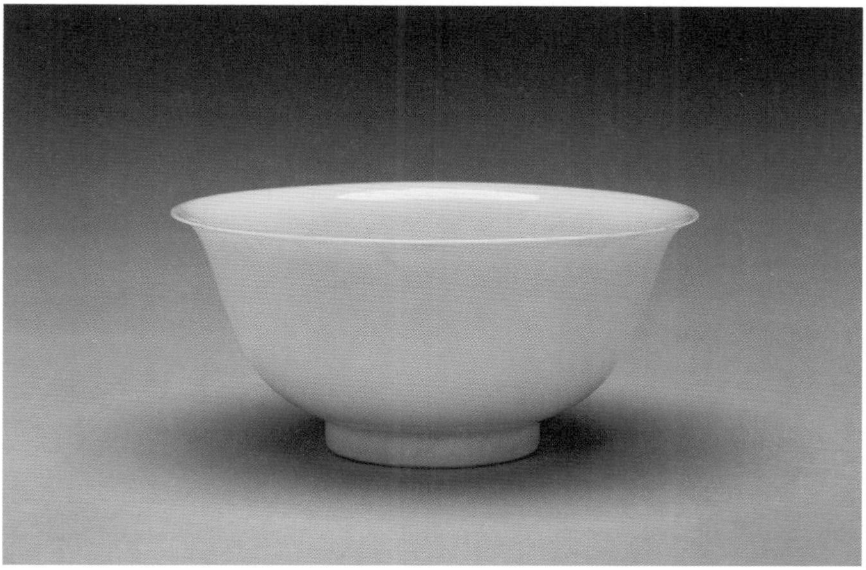

明代永乐甜白碗

的荆溪壶、成宣茶瓯，而在招待周亮工等人时，却是以小酒盏酌客呢？张岱与闵汶水初次品茶时，是否用的也是小酒盏呢？关于这点，张岱在《闵老子茶》中没有交代，仅仅写道："灯下视茶色，与磁瓯无别，而香气逼人，余叫绝。"

闵老子的松萝茶，做得名垂于世；其瀹茶，水火皆自任，并颇极烹饮态。由此可见，闵汶水在制茶技术与泡茶技法上，应该是远远高于年轻的周亮工的。究其资历与水准，二人不可同日而语。但是，周亮工为什么会讥讽闵老子是"德山担青龙钞"，对茶并没有明心见性呢？问题大概首先出在闵老子以"小酒盏酌客"这个环节上。因为闵汶水在明末，敢为天下新，第一个以小酒盏酌客，这在当时，并不符合大部分文人对茶与茶器的瀹泡习惯与审美要求。而周亮工作为一个深受传统文化熏陶的正统文人，这恐怕是他从内心根本无法接受的，或许这才是周亮工认为闵汶水名不副实的根本原因之一。其次，闵汶水阅历丰富，世事洞明，他不必像当时的传统文人那样，去积极地治国平天下，去热衷于立言、立德、立功，故董其昌在《容台集》里高度评价说：他是海上之鸥，舞而不下。他不会像昔日陆羽那样，“以精茗事，为贵人所侮，作《毁茶论》。如汶水者，知其终不作此论矣。”隐君闵汶水，是高蹈之士，他不必像传统文人那样，对茶格物致知；不必像道家那样，修得仙风道骨，羽化成仙；也不必如佛家那样，追求茶禅一味。他是一个韬光养晦的商人，他很清楚自己需要什么。一方面，他需要把松萝茶做成董其昌口中的“得啜尤物”，做成名动天下的奢侈品，以获得良好的营销溢价。另一方面，也需要以创新的思维，凭借自己炉火纯青的精湛茶艺，把世人皆知的闵茶泡得尽善尽美，以汤社主时代风雅。闵汶水作为一个倾身事茶的老人，半隐半显，逍遥自在，一生清白又能名垂青史，不也足够了吗？

对闵老子倾慕不已的张岱，在明亡后，披发苦隐山中，写尽国破家亡之悲愤。相反，以文人自居的周亮工，在明清易代之际，却转而降清，历经宦海沉浮，受尽人格侮辱，他曾两度下狱，病死之后，又被乾隆皇帝列入钦定的《贰臣传》。周亮工半生坎坷，一世风霜，令人唏嘘，曾经的文人气节与风骨呢？孰是孰非，云泥之别。

从明代茶坛领袖朱权开始，提倡饮茶“有裨于修养之道”，喝茶“为君以泻清臆”，“然而啜茶大忌白丁”（《茶谱》）；到陆树生的“煎茶非漫浪，要须其人与茶品相得”（《茶寮记》）；再到文震亨的“必贞夫韵士，乃能究心耳”。在烹茶时，明代的文人包括朱权、陆树生、许次纾、徐惟起等，均极力主张：“择一人稍通茗事者主之，一人佐炊汲。客至，则茶烟隐隐起竹外”（《茶寮记》）。许次纾则认为：“然对客谈谐，岂能亲莅，宜教两童司之”（《茶疏》）。徐惟起则强调：“茶事极清，烹点必假姣童、季女之手，故自有致”（《茗谭》）。周亮工自然也不例外，烹茶时，也必须假借童子之手。他在《闽小记·德化瓷》一章写道：“予初以泻茗，黯然无色，责童子不任茗事，更易他手，色如故。”即是例证。而闵老子无论是张岱到访，还是周亮工见他酌客，他在泡茶时，凡事必躬自执劳，亲力亲为，从择水、起炭、冲瀹、酌茶等，不假童子，速如风雨，均是一人贯穿茶事之始终。这也是闵老子事茶，与明末传

明代永乐甜白暗花菱花式杯，
高 3.8 厘米，口径 8.5 厘米

统文人的不同之处。

明代中叶以降，资本经济开始萌芽，商品经济发展迅速。特别是随着明末政治局势的恶化以及阳明心学的兴起，曾盛行于明代前期的程朱理学，一度陷入巨大的信任危机之中，过去束缚着士人阶层的情感、欲望，获得了空前的承认与解放，这势必会对过去以儒家伦理精神为核心的传统古雅美学，从社会上层乃至底层，都形成了剧烈的动荡与冲击。当基于人性之上的世俗之美，得到社会的默认或追捧之后，明末文人的审美与追求，自然也呈现出惊世骇俗的分化。从此，一大批郁郁不得志的文人，开始由关注外界评价，进而转向更加关注自己的内心世界。由传统文人的栖神物外、不役于物、寄意玄虚，渐渐开始寄情于物、放纵性情、沉溺欲望、流于无度的感官享受。对茶的审美，亦非是过去超越世俗的道德领悟。对茶的感受，也不是纯粹的俭以养德、颐养性灵，而是全然地沉醉于色、香、味、形、韵的感官享受之中 。当袁宏道受到李贽的影响之后，则说："人情必有所寄，然后能乐。"袁宏道的观点影响到了张岱，故张宗子在《陶庵梦忆》中写道："人无癖不可与交，以其无深情也； 人无疵不可与交，以其无真气也。"于是，癖好便成为明末部分文人标榜个性、才情、理想及生命本真的追求。吴兴姚绍宪，在写给许次纾的《茶疏序》中，曾评价道："武林许然明，余石交也，亦有嗜茶之癖。每茶期，必命驾造余斋头，汲金沙玉窦二泉，细啜而探讨品骘之。余罄生平习试自秘之诀，悉以相授。故然明得茶理最精，归而著《茶疏》一帙，余未之知也。"张岱曾听周墨农说："闵汶水茶不置口。"由此说明，闵汶水亦是有茶癖之人，故二人因癖遂成莫逆之交。这也是同一个闵老子，在张岱与周亮工各自的视角中，呈现出不同的气象、不同的评价的根本原因。

明末的饮茶风尚，由此前的文人雅士过于强调赋予茶的清苦、修身、

清代康熙祭蓝瓷壶

人格、励志、脱俗、道德、精神等层面，进而转向痴迷于茶、沉醉于茶，因此，明末以降的部分文人，对茶的认知与审美，也发生了截然不同的蜕变。此后，饮茶已无关道德、修养，也非纯粹的怡情养性，而是在饮茶之乐的物质享受中，寄托着自己的生活情趣与审美追求。总之，工夫茶在明末的萌芽、产生，是由文人雅士在当时深刻的社会政治、经济、思想、文化大变革背景之下，通过个体对精神、物欲的关系调整，在自觉趋俗的过程中，借物性而成审美之乐，共同从文人茶道之中塑造、衍生出来的。

乾隆进士刘銮，在《五石瓠》中谈到闵茶回忆说："其钟气于胜地者既灵，吐含于烟云者复久；一种幽香，自尔迥异。且此坞方圆径尺许，所产更佳，过此则气味又别矣。然盛必锡器，烹必清泉，炉必紧炭，怒火百沸，待其沸透，急投茶于壶。壶以宜兴砂注为最，锡次之。又必注于头青磁钟。产于天者成于人，而闵茶之真味始见，否则水火乖宜，鼎壶不洁，虽闵公所亲植者，亦无用矣。有识者知其味淡而气厚，瓶贮数年，取而试之，又清凉解毒之大药云。"

刘銮描述的闵茶，储茶用锡器，泡茶水择清泉，炉烧紧炭以求活火，壶用宜兴紫砂，水沸急投茶，如张岱所记"茶旋煮，速如风雨"，结合周亮工所见"见水火皆自任，以小酒盏酌客，颇极烹饮态"，从紫砂壶、小酒杯、紧炭、火炉、活水、活火等，到"水火皆自任""颇极烹饮态"，等等。一套活脱脱的、较为标准的、形制完备的工夫茶立体演示影像，跃然而出，这不就是历史上最早的工夫茶泡法吗？

近代，翁辉东在《潮州茶经》中，对工夫茶做了恰当的定义。他说："工夫茶之特别处，不在茶之本质，而在茶具器皿之配备精良，以及闲情逸致之烹制。"可见，工夫茶与泡什么茶类并无关系，首先要有闲情逸致，因茶施器，建立对茶与茶器的必要审美。其次，还必须要辨其香味而细啜之。而对茶的香气与滋味的细辨，就需要精心烹制。“少食多知味”，相应的就必须要对茶壶与茶杯进行小型化的改造。巨壶大盏，不可以入品。

在闵汶水之前，中国传统的文人茶道（以下简称文人茶），品茶首先强调的是人的品格、修养以及茶对自身道德、境界的提升与净化作用，其次，才是涤昏寐、解渴之用。而闵汶水却不同，他首先是一个在繁华地带、经营着自己茶馆的商人，他的主要任务，是必须先把茶泡得好喝，以获得较好的声誉与利润。因此，他必然会自发地对所持的茶与茶器进行小型化、精细化的革新，通过控制好水温、缩小茶壶与茶杯的容量、掌控好茶与水的最佳配比等技法，在世俗中把古老的中国茶的品饮技艺，改造得精益求精，使顾客在细啜慢品的极致感官享受之中，获得美的享受与启迪。闵老子这位张岱眼里的白下异人，“不信古人信胸臆”，“钻研水火七十年”，以小紫砂壶、成宣小酒盏冲泡松萝茶，茶器不可谓不精良。烹茶时，水火自任，速如风雨，颇极烹饮态，不可谓不具闲情逸致。那么，中国传统的文人茶与后世如火如荼的工夫茶，究竟区别在哪里呢？综合上述观点，从本质上讲，工夫茶其实是文人茶的商品化、世俗化、生活化。

清初，王弘在《山志》记载：“今之松萝茗最佳者，曰‘闵茶’，盖始于闵汶水，今特依其法制之耳。”明末清初，风靡江南的闵茶，即是松萝之中品质最佳的。而闵茶在部分传统文人眼里，因制作中施以兰熏，故香气过于浓郁，从而被批评为缺乏淡雅的韵致。周亮工对此在《闽茶曲》中有诗批评曰：“歙客秦淮盛自夸，罗囊珍重过仙霞。不知薛老全苏意，造作兰香诮闵家。”并在诗后自注说：“予谓茶难以香名，况以兰尽。但以兰香定茶，咫见也。颇以薛老论为善。”从上文可知，周亮工是认同福州薛老批评闵老子的观点的。他们共同认为，闵老子的茶与茶艺，全然就像明末苏州人所崇尚的奢靡浮华生活一样，世俗味浓且不够清雅。而仍固守传统的文人雅士，包括周亮工眼中的茶，应如陈贞慧在《秋园杂佩》所论："色香味三淡：初得口，泊如耳。有间，甘入喉。有间，静入心脾。有间，清入骨。嗟乎！ 淡者，道也。"万历年间，长兴知县熊明遇，在《罗岕茶记》讲得也很透彻："茶之色重、味重、香重者，俱非上品。"张源在《茶录》里也说："茶自有真香、有真色、有真味。一经点染，便失其真。"而由闵老子创新的赢得市场喝彩的闵茶，虽然在上述传统文人的眼里，已混淆了茶之真香、远离了茶之淡雅，失却了部分韵致，但是，闵老子以一己之力，沟通雅俗，在世俗的感官享受之中，挖掘出了别样的茶饮之美，迎合了明末大众的审美与时尚。闵老子的茶中知己张岱，也是不同于那些传统儒家文人的，他的所好，也不外乎是一些声色世俗之美。张岱是在满足世俗的安逸与物质享受的基础上，去追寻精神层面的闲适和愉悦的。故他以茉莉花熏制兰雪茶，与闵汶水雅俗共赏，相互唱和。在明代，自从李贽提出"夫私者，人之心也"之后，诸多文人在锦衣美食、豪宅丽人面前，已不再假矜持、假清高，也开始追逐花天酒地、声色犬马的欲望享受，并把这些感官享受视为真性情。世俗以纵欲为尚，人情以放荡为快，纵任情性甚至被视为风雅之事，整个明末社会弥漫在享乐的氛围之中。

世俗，并非庸俗，也非低级趣味。自古以来，中国的传统美学，基本是占统治地位的带有明显贵族特征的文人士大夫的审美文化，而与之对立的底层大众的文化，包括百姓日用之事，都会被斥之为"俗"。世俗化的本质，是以世俗欲求替代传统儒家的精神或理想。他们在高扬生命感性与心灵自由的基础上，逐渐摆脱程朱理学及封建道德伦理的束缚，更加关注自我及生命意识的完善，在获得最大限度的生命感受与快乐之中，丰富了审美的内涵，拓宽审美的视野。

明代永乐青花碗

在传统文人周亮工的眼里，从事商业贸易的闵老子是“俗”，自己所处的缙绅士大夫阶层为“雅”。明代中后期，随着商品经济的日渐活跃、发达，商人的地位开始不断提高，文人士大夫阶层，开始尝试突破以往“谋道”与“谋食”这一尖锐对立的道德枷锁，渐渐蠢蠢欲动、亦儒亦贾。在社会的雅俗合流中，世俗的日常生活便得以审美化。当他们在纷繁芜杂的世俗生活之中，不断挖掘出美的意义，“俗”便开始不断“雅”化。

从明代茶器的审美变化，也能看出俗与雅的嬗变、交融的端倪。例如：我们今天认为青花茶器，清新朴素、淡雅脱俗。其实，最早青花瓷的尚白崇蓝及装饰文案，是为少数民族或波斯等外来文化服务的，它与中国的传统审美相去甚远。故明代曹昭在《革古要论》批评说：“近世有青花及五色花者，且俗甚。”明代的青花茶盏，自永乐起，才逐渐开始向传统的疏朗、简约风格回归。对此，文震亨在《长物志》评判说：“至于永乐细款青花杯，成化五彩葡萄杯及纯白薄如琉璃者，今皆极贵，实不甚雅。”中国茶器色泽的传统审美，是牢固建立在以孔子为代表的儒家文化的“素以为绚兮”及“今也纯俭”的基础之上的，以纯粹、纯色为高雅之色，故明代文人对茶盏的审美，皆是以“纯白为上”。我们看看明代文人择器的态度，大致也能得出上述结论：“宣庙时有茶盏，料精式雅，质厚难冷，莹白如玉，可试茶色，最为要用。”（屠隆《考槃馀事》）“欲试茶色黄白，岂容青花乱之。”（高濂《遵生八笺》）“盏以雪白者为上，蓝白者，不损茶色，次之。”（张源《茶录》）蓝白者，即是青花茶盏。“其在今日，纯白为佳，兼贵于小，定窑最贵，不易得矣。”“次用真正回青，必拣圆整。”（许次纾《茶疏》）回青，也是指青花茶器。对于上述种种，民国刘子芬，在《竹园陶说》总结得非常精辟：“五彩华丽，当时以其不合古训，固不重视，其实高贵之品，自以一道釉为古雅。”古训，

明代宣德甜白暗花莲瓣纹莲子杯，
高6厘米，口径10厘米 台北故宫博物院藏

是指传统的美学思想。一道釉，是指单色釉。即使到了清代，谷应泰在《博物要览》，仍然强调宣德白瓷茶盏，光莹如玉，“虽定瓷何能比方，真一代绝品”。

中国饮茶的雅与俗，并非是完全对立的。仓廪实而知礼节。所谓的雅，是人在解决了温饱问题之后的更高层次的精神追求，但是，雅又需依赖世俗生活提供滋养，没有俗，又何来雅？流行于大众的审美，大概率是世俗的。而属于大众的文化，其本质又是商业文化。能在世俗的工夫茶饮中，感受到饮茶之美、饮茶之乐，以此消渴除烦，清心神而出尘表，不也是高雅之美吗？当传统文人带着阶层的优越感，在刻意疏离于大众与时尚之时，其实已经陷入了俗的窠臼。故有“然矫言雅尚，反增俗态者有焉”之论。张岱与闵老子，虽然混迹于世俗之中，但是，倘若他们能以真性情，在享尽世间繁华，尝尽佳茗滋味的时候，依然能够高蹈不群，洋溢着某些超越世俗的清雅，不也是极富情趣、极可爱的人吗？

虽然说：淡者，道也。但是，就闵老子而言，不也能够“技可进乎道，艺可通乎神”吗？

松萝制法传武夷

当虎丘茶被誉为天下第一之后，便招来官府及当地劣绅的巧取豪夺。

明末，冯时可《茶录》记载：“徽郡向无茶，近出松萝茶，最为时尚。”而安徽休宁的松萝茶，根据冯时可的记述，是始于比丘大方。大方和尚在苏州虎丘寺居住最久，故深得虎丘制茶的精髓。苏州的虎丘茶，在明末名满天下，就是其采摘与制作的精良使然。

人怕出名猪怕壮。当虎丘茶被誉为天下第一之后，便招来官府及当地劣绅的巧取豪夺。虎丘茶的产量本来就少，而权贵强行索茶者甚多，当寺庙住持无茶可献的时候，便被官府衙役毒打一顿，寺院僧众为此悲愤交加，一气之下就把山茶砍伐殆尽。据《虎丘山志》记载：“胥皂骚扰，守僧不堪，剃除殆尽。”“后复植如故，有司计偿其植，采馈同前例。睢州汤公斌开府三吴，严禁属员馈送，寺僧亦疲于艺植，茶遂萎。”大方和尚就是在此背景下，离开苏州虎丘寺的，并结庵徽之松萝。“采诸山茶，于庵焙制，远迩争市，价倏翔涌，人因称松萝茶。”（冯时可《茶录》）可见，松萝茶是在全盘继承了虎丘茶的精制工艺以后，从而名扬天下的。也就是周亮工所讲的“闽茶实不让吴越，但烘焙不得法耳”。吴，是指苏州地区的虎丘制法。越，是指绍兴地区的日铸茶工艺。吴、越合在一起，即是指武夷山区曾经借鉴过的制茶的“三吴之法”。

松萝茶的制法，据明末闻龙《茶笺》记载：“茶初摘时，须拣去枝梗老叶，唯取嫩叶，又须去尖与柄，恐其易焦，此松萝法也。”龙膺在《蒙史》中说：他过新安时，曾目睹过大方和尚炒制松萝茶。色如翡翠的松萝茶，武火“急手炒匀”，“另入文火铛焙干”，其手法，如张岱制作兰雪

武夷山早春的茶树

茶的工序："扚法、掐法、挪法、撒法、扇法、炒法、焙法、藏法，一如松萝。"从我们今天的茶区分布来看，唯取嫩叶的茶类，最早有安徽绿茶产区的松萝、六安瓜片等，还有受松萝之法影响的闽北乌龙，及其受闽北乌龙茶影响、随后次第产生的其他乌龙茶类。

最早的松萝茶，其香气、滋味，应该类似于苏州的虎丘茶，"点之色如白玉，而作豌豆香，宋人呼为白云花"（《虎丘山志》）。万历年间，谢肇淛在《五杂俎》说："虎丘第一，淡而远也。"万历末年，闵汶水便以兰花熏茶，使松萝茶的香气愈加香浓馥郁，即是周亮工所讲的"但以兰香定茶"。文震亨在《长物志》中，写到松萝时则说："新安人最重之，南都曲中亦尚此，以易于烹煮，且香烈故耳。"新安，即是闵汶水的老家

元代白瓷弦纹杯

歙州。南都，即是闵老子客居的南京。如同我们今天对茶的态度一样，香气高扬而且霸烈刺激的茶，最容易引起大众的喜爱与追捧，故清初以降的松萝茶及其制法，深刻地受着闵汶水及其闵茶的影响。清初王弘在《山志》明确写道："今之最好的松萝茶，即是始于闵汶水的闵茶，今特依其法制之耳。"而深受闵茶影响的张岱，他制作的兰雪茶，不仅影响到绍兴地区松萝茶的销售，而且歙州地区生产的松萝茶，也开始佯称兰雪。故张岱在《陶庵梦忆·兰雪茶》记述："乃近日徽歙间松萝亦名兰雪，向以松萝名者，封面系换，则又奇矣。""卷绿焙鲜处处同，蕙香兰气家家出。"从清初诗人吴嘉纪的这首《松萝茶歌》里，我们也能感受到闵茶对松萝茶后世的影响与发扬光大。综上所述，在明末清初，继虎丘茶之后的松萝茶、闵茶，已经当仁不让地成长为中国最精湛的烘青（炒青）绿茶的代表，快速推动或深刻影响着中国各地绿茶的技术升级与不断发展。

元朝大德年间，武夷茶以"石乳"之名，蒸青压饼，造焙充贡，御茶园设置在武夷山四曲的溪畔。明代嘉靖三十六年（1557），建宁太守钱嵘，上奏嘉靖帝免贡芽茶，获得批准，武夷茶随之改由延平进贡。明末，陈省《御茶园》诗中的"自从献御移延水"，讲的就是武夷茶罢贡这件事。武夷茶在明末，轻易被免于进贡，并非是因"景泰年间茶久荒"，其最根本的原因，还是制茶技术的落后。明末史学家谈迁，最早在《枣林杂俎》中写道："明朝不贵闽茶，即贡，亦备宫中浣濯瓶盏之需。"周亮工在《闽小记》中，引用这句话的时候，把"明朝"改为了"前朝"，因为那时他已变节降清，担任了福建布政使。前朝不重武夷茶的主要原因，周亮工在《闽小记》中，写得很清楚："僧拙于焙，既采则先蒸而后焙，故色多紫赤，只堪供宫中浣濯用耳。" 吴拭在《武夷杂记》也证实："盖缘山中不晓制焙法，一味计多苟利之过也。"吴拭游览武夷山时，曾在山中采摘少许茶青，以松萝制法炒焙，并汲虎啸岩下语儿泉烹之。饮毕则说该茶“三德俱备，带云石而复有甘软气”。明末吴拭，是徽州休宁人，自然最熟悉松萝茶的炒制技法。

清初顺治年间（1650—1653），崇安县令殷应寅，为提高武夷山的制茶水平，振兴地方茶叶经济，便把国内最先进的松萝茶制作技术，引进了武夷山。周亮工在《闽小记》记载：“崇安殷令招黄山僧，以松萝法制建茶，堪并驾，今年余分得数两，甚珍重之，时有武夷松萝之目。”此后的武夷茶，开始由蒸青绿茶，转变为炒烘结合的烘青绿茶。新改造后的武夷茶，便被冠以“武夷松萝”之名。不唯如此，此前的闽茶，以粗瓷胆瓶包装，外观粗糙且于藏茶不宜。到了明末，闽茶包括武夷山的茶叶包装，开始借鉴、仿造徽州松萝储茶的方圆锡器，遂觉外观靓丽、焕然一新。周亮工在《闽茶曲》诗云：“学得新安方锡罐，松萝小款恰相宜。”新安，即是古徽州。徽州地区的商人，又称新安商人。

周亮工“甚珍重之”的武夷松萝，即试之，色香亦俱足，可是，“经旬月，则紫赤如故”。“紫赤如故”这个外观标准，较之于明代以翠白、青翠为贵的绿茶色泽来讲，简直是毁灭性的。即使它的口感、滋味再好，仅从观感上，也无法为当世人所接受。为什么曾经色、香、味皆足的武夷松萝，经过半月时间的存放，又像从前的蒸青绿茶一样，变得色绿中泛着紫红了呢？其原因，大概既有周亮工所说的“僧拙于焙”，茶焙不透，含水率过高，儿茶素继续氧化为茶黄素与茶红素使然。又有制作工艺粗糙、杀青不透，多酚氧化酶不能完全被钝化所致。谢肇淛《五杂俎》所讲的：“闽人急于售利，每斤不过百钱，安得费工如许？”或许能够证实，当时武夷山区所面临的困境。茶贱不仅伤农，而且也会挫伤茶农制茶求精的积极性。

武夷山桐木关的云窝老丛山场

在武夷岩茶尚未崛起之前，武夷山区的制茶人，主要为当地的土著和寺庙的少数僧人。他们面对武夷松萝茶反复呈现紫赤如故的尴尬遭遇，通过探索、改善过去拙劣的焙火工艺，以期能够遮掩、修正市场所无法接受的斑驳杂色。如王草堂《茶说》所记："既炒既焙，复拣去其中老叶、枝蒂，使之一色。"茶叶经过焙火受热，叶绿素发生脱镁反应，使得曾经红、绿相间的难堪色泽，整体蜕变为乌青砂绿色。茶青条索经过适度揉捻以后，又变得扭曲似龙，因此，传统的中国乌龙茶，便在松萝制茶技术的影响、改造下诞生了。康熙三十年（1691），因慕茶名而在武夷山天心禅寺为僧的释超全，写下了彪炳史册的《武夷茶歌》，其诗云："嗣后岩茶亦渐生，山中借此少为利。""如梅斯馥兰斯馨，大抵焙时候香气。鼎中

武夷山水帘洞的白鸡冠

笼上炉火温，心闲手敏工夫细。”在康熙五十年（1711）前后，隐居在武夷山的王草堂，在释超全《武夷茶歌》的启示下，写下了《茶说》一文，系统阐述了武夷岩茶的采摘要求与制作技法。

清代雍正年间，崇安县令陆廷灿，在《续茶经》（1734）引《随见录》云：“武夷茶，在山上者为岩茶，水边者为洲茶。岩茶为上，洲茶次之。岩茶，北山者上，南山者次之。南北两山又以所产之岩名为名，其最佳者，名曰工夫茶。工夫茶之上，又有小种，则以树名为名，每株不过数两，不可多得。” 至此，“工夫茶”以茶之名，首次出现在文献之中。此工夫茶，即是释超全的“心闲手敏工夫细”而成。乾隆十六年（1751），董天工编撰的《武夷山志》记载：“第岩茶反不甚细，有小种、花香、工夫、松萝诸名，烹之有天然真味，其色不红。”其汤色不红，说明此时的武夷岩茶，焙火温度还不甚高。陆廷灿在《续茶经》引王梓《茶说》曰：“在山者为岩茶，上品；在地者为洲茶，次之。香清浊不同，且泡时岩茶汤白，洲茶汤红，以此为别。”王梓所记述的“岩茶汤白”与董天工所载，是可以相互印证的。洲茶为什么汤红？因为它是发酵较重、介于红茶与乌龙茶之间的红乌龙。“乌龙茶，闽粤等处所产红茶也”（徐珂《清稗类钞》）。清末徐珂记载的“乌龙茶”，即是红乌龙，今天在桐木关、祁门等地，还可觅到些许踪影。对于红乌龙及当时岩茶汤白的成因，我在《茶路无尽》《茶与健康》中均有论述，于此不再展开赘述。

嘉庆七年（1802），进士梁章钜，在《归田琐记·品茶》一章写道：“余尝再游武夷，信宿天游观中，每与静参羽士谈茶事。静参谓茶名有四等，茶品亦有四等。今城中州府官廨及豪富人家，竟尚武夷茶，最著者曰花香；其由花香等而上者，曰小种而已。山中则以小种为常品，其等而上者曰名种。此山以下所不可多得，即泉州、厦门人所讲工夫茶。号称名种者，实仅得小种也。又等而上之，曰奇种，如雪梅、木瓜之类，即山中亦不可多得。”梁章钜是福州长乐人，从他游历武夷山、得闻静参道士论茶可知，奇种、名种、小种、花香等，既是茶的名称，又是茶的等级，也是那时泉州与厦门人口中所讲的“工夫茶”。光绪年间（1889）的举人徐珂，在《可言》中记载：“胡朴安则言，工夫茶之最上者，曰铁罗汉。”胡朴安所言的铁罗汉，大概也是上品武夷岩茶的代称。据史料记载，乾隆四十六年（1781），商人施大成在泉州惠安县城关霞梧街，创办了驰名中外的“集泉茶庄”，其经营的最名贵的工夫茶，即是精选多种岩茶拼配而成的所谓铁罗汉。我们今天所知所见的铁罗汉，则是位列武夷山四大名丛之首的无性系珍品。由此可见，到清末民国初年，工夫茶已经成为武夷岩茶的别称。

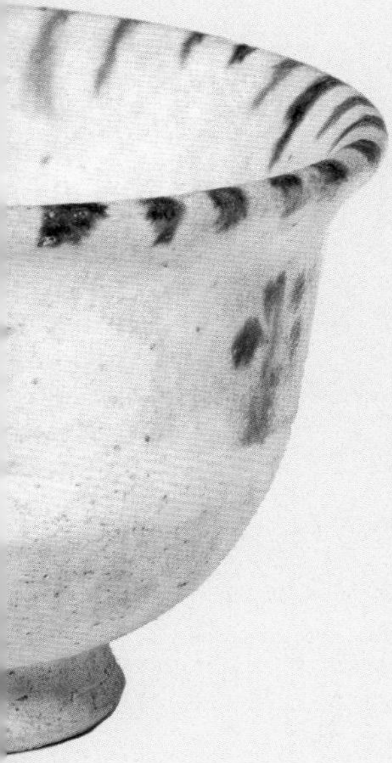

武夷首见工夫茶

到了乾隆年间，工夫茶在福建漳州地区，其技法已经基本趋于成熟和完善，并且已完全世俗化、大众化，甚至已经成为商人、茶客们炫耀摆阔、斗豪竞奢的一种生活娱乐方式。

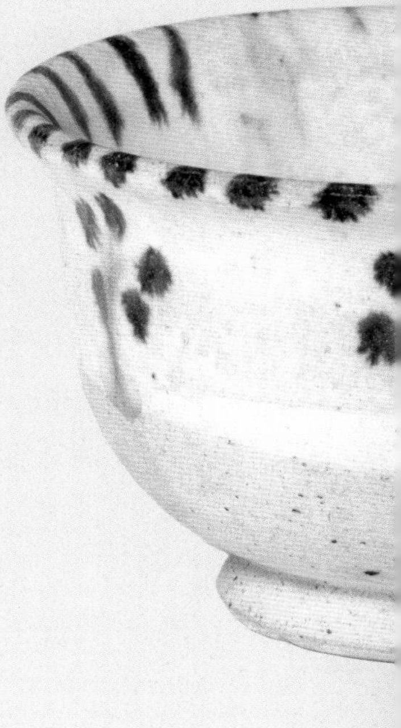

乾隆二十七年（1762）的《龙溪县志》记载：“灵山寺茶，俗贵之；近则远购武夷茶，以五月至，则斗茶。必以大彬之礶，必以若琛之杯，必以大壮之炉，扇必以琯溪之箑，盛必以长竹之筐。凡烹茗，以水为本，火候佐之。水以三叉河为上，惠民泉次之，龙腰石泉又次之，余泉又次之。穷乡僻壤，亦多耽此者，茶之费，岁数千。”龙溪县，为隶属福建省漳州市的千年古县。与嘉庆初年、俞蛟在程江上的花舟中所见一样，“今舟中所尚者，唯武夷，极佳者每斤需白镪二枚”，而非此前舟上流行的蜀茶。过去的漳州，也是以灵山寺所产的茶叶为贵。到了乾隆年间，龙溪人便改弦易辙，纷纷争相远购武夷茶。这充分说明，武夷茶作为一个崭新的茶类，在刚刚诞生不久，便受到了闽南人的热捧。每年的五月，等武夷茶运至龙溪，民间便开始斗茶。斗茶的茶与茶器，随着工夫茶的普及而渐趋奢侈化、标签化，并且是必以大彬壶、若琛杯、大壮炉等为尚，烹茗以水为本，火候佐之。而明末张岱笔下的闵汶水，却是“刚柔燥湿必身亲，下气随之敢喘息？到得当炉啜一瓯，多少深心兼大力”（《闵汶水茶》）。“今来茗战得异人，桃叶渡口闵老子。钻研水火七十年，嚼碎虚空辨渣滓”（《曲中妓王月生》）。从龙溪民间不惜财力的斗茶实践及其规制，我们尚能隐隐窥见闵老子原创工夫茶对后世的影响。由此可见，到了乾隆年间，工夫茶在福建漳州地区，其技法已经基本趋于成熟和完善，并且已完全世俗化、大众化，甚至已经成为商人、茶客们炫耀摆阔、斗豪竞奢的一种生活娱乐方式。

乾隆三十一年（1766），福建永安县令彭光斗，在《闽琐记》中说："余罢后赴省，道过龙溪，邂逅竹圃中，遇一野叟，延入旁室，地炉活火，烹茗相待。盏绝小，仅供一啜。然甫下咽，即沁透心脾。叩之，乃真武夷也。客闽三载，只领略一次，殊愧此叟多矣。"古永安县，隶属现在的三明市，作为一县之长的彭光斗，客闽三载，只在卸任后、路经龙溪的竹林环绕的小院中，品过一次真正的工夫茶。无独有偶，雍正年间的崇安县令刘埥，在《片刻余闲集》里写道：当时真正的武夷岩茶，在崇安的市场上是无法买到的，各地来游武夷山的宾客，唯有从九曲内的各寺庙里，方可少量购到。"唯粤东人能辨之"，"余为崇安令五年，到去任时，计所收藏未半斤，十余载后，亦色香俱变矣"（刘埥《片刻余闲集》）。两个在福建任职的县令，都异口同声地表达了当时武夷真茶的难觅，这说明了什么？首先，是当时的武夷岩茶，产量确实稀少。其次，此时的武夷岩茶，不同于产量巨大的专供出口的武夷茶（红茶），其销售渠道被粤东（汕头、潮州、汕尾、梅州、揭阳）、汀州、泉州、漳州的商帮控制着，尤其是漳州商人。康熙年间，释超全在《武夷茶歌》的"近时制法重清漳"以及《安溪茶歌》的"迩来武夷漳人制"，就是一个有力的佐证。那时经营、控制武夷茶的商人，自然最熟悉武夷岩茶的泡法，而工夫茶烹治技法的最初传播，一定是在茶商的宣传、鼓动、主导下，随着工夫茶类的四散传播而普及的。

最早记录工夫茶饮法的文献，当属乾隆年间的袁枚。他在《随园食单·武夷茶》中写道："余向不喜武夷茶，嫌其浓苦如饮药然。然丙午秋，余游武夷，到曼亭峰、天游寺诸处，僧道争以茶献。杯小如胡桃，壶小如香橼，每斟无一两。上口不忍遽咽，先嗅其香，再试其味，徐徐咀嚼而体贴之。果然清芬扑鼻，舌有余甘。一杯之后，再试一二杯，令人释躁

清代乾隆珐琅彩花卉茶碗

平矜，怡情悦性。始觉龙井虽清，而味薄矣；阳羡虽佳，而韵逊矣。颇有玉与水晶，品格不同之故。故武夷享天下之盛名，真乃不忝。且可以瀹至三次，而其味犹未尽。”乾隆五十一年（1786），袁枚从南京出发来到武夷山，寺庙的僧人争相献茶，以小如香橼的瓷壶泡茶，杯小如核桃大小。如胡桃大小的茶杯，不就是闵老子最早使用的小酒杯的形制吗？

袁枚在寺庙里饮完武夷茶后，写了一首《试茶》诗云：“道人作色夸茶好，瓷壶袖出弹丸小。一杯啜尽一杯添，笑杀饮人如饮鸟。”“采之有时焙有诀，烹之有方饮有节。譬如曲蘖本寻常，化人之酒不轻设。我震其名愈加意，细咽欲寻味外味。杯中已竭香未消，舌上徐尝甘果至。叹息人间至味存，但教鲁莽便失真。卢仝七碗笼头吃，不是茶中解事人。”从袁枚的这首工夫茶诗，我们能够看出，上述袁枚在《随园食单》记载的所品尝的武夷茶，恰恰也是他在《试茶》诗中所描摹的内容。僧人用弹丸大小的瓷壶泡出的茶，分斟到如鸟食罐一样大小的茶杯里，一杯饮尽再次注茶，此情此景，不禁让袁枚这位见多识广的文人才子，感到好奇、感到可笑。袁枚作为乾嘉文人的代表，一生尝尽天下美食，饮遍南北名茶，却从未见过用如此小壶、小杯喝茶的怪异方式。鉴于此，我们就能顿悟，曾以小酒盏酌客的闵汶水，为什么会受到文人周亮工的耻笑？但是，才思敏捷的袁枚明白，这种迥异于传统文人的饮茶方式，却是“烹之有方饮有节”，“细咽欲寻味外味”。即是杯中的茶汤已尽，杯底冷香依然缠绵悠长。待到“舌上徐尝甘果至”，这分明是人间啜茶的“至味存”呀！不可因为自己的鲁莽、偏见、粗糙等，而失去或错过茶中的真香、真味及其韵致。

叙述至此，我们不禁又会产生一个疑问，为什么如此精巧、细腻的饮茶方式，袁枚作为一个闲散归隐的文人，只是对工夫茶浅尝辄止，而没有极力去倡导、去推广呢？其根本原因，在于明末清初遭到普遍唾弃的程朱

清代雍正珐琅彩茶盅，
高 4.4 厘米，口径 7.2 厘米

理学，又被清代统治者捡了回来，并成功打造成为笼络知识阶层与统治、禁锢、约束人们思想行为的重要政治工具。因此，当程朱理学再次高踞庙堂，并确立了其在官方哲学与道德领域的独尊地位，重塑了崇儒重道的清代文化格局以后，清初的文人士族阶层，便产生了一种明显复归传统的复古潮流。例如：程朱理学要求士人阶层必须清高、廉洁，不能亲近钱财，不能亲近商人，否则便会玷污作为士人的纯洁。因此，清初以降的士人饮茶风尚，又重新回归到以儒家伦理精神为核心的传统审美，明末涌现出的诸如世俗快乐、感官享受、人性欲望以及精神自由等思潮，重新又被严酷地束缚在封建传统、理学条文的牢笼里。当饮茶方式再次被儒家赋予浓重的自省、养廉、雅志、修德等教化色彩以后，以追求生命感性存在与物质享受的具有世俗之美的工夫茶，自然在以儒家为正统的文人士族阶层，失去了培植其生存、发展、壮大的土壤。于是，工夫茶只能在封建统治薄弱、商品经济发达的少数地区，偏之一隅，生根发芽、开花结果了。

综合上述文献我们知道，最早敢于以小酒杯酌客，并把茶的烹饮精致化、世俗化的，是明末金陵的闵老子。他把品茶的个人雅兴，通过七十余年的钻研精炼，逐步提升成为高超过人的专业技能，并且很成功地把自己的精湛技艺与盛名赫赫，进一步地商品化、世俗化了。明末清初的松萝制法，深刻地影响了武夷岩茶的诞生。黄山僧人在传授松萝制法、改进武夷茶的过程中，一定会演示、传授松萝茶的泡法与品饮技艺的。一个创新并模仿松萝茶的新茶类的出现，必然会带来泡茶手法、品饮方式的重大改变，这一点是毋庸置疑的。胡适先生曾经说过：所谓创造，只是模仿到了十足时的一点儿新花样。任何人的成长，任何风尚的形成，都离不开对优秀的模仿。因此，在武夷松萝的冲泡方式中，一定会带着挥之不去的松萝茶瀹饮泡法的影子。而在明末清初，对松萝茶的研制与瀹泡技法，不可能会有第二个人，能比茶道大家闵汶水的知名度更高、影响力更大了。在明末，上至达官贵人、文人雅士，下至秦淮名姬，都以能得到闵茶或者能到花乳斋品茶为幸事，故闵汶水瀹泡松萝茶的技法、对茶器的选择与审美，必然会成为松萝茶泡法的最高典范，深刻地影响着或提高着爱好松萝茶的人们的泡茶水准。袁枚在武夷山寺为之一新的工夫茶体验，让他意识到用小壶、小杯品茶，其滋味会好于大盏。如果再像原来那样去粗放地饮茶，是很难品出茶的舌有余甘、味外之味的。道光十二年（1832）编修的《厦门志·风俗记》记载："俗好啜茶。器具精小，壶必曰孟公壶，杯必曰若琛杯。茶叶重一两，价有贵至四五番钱者。文火煎之，如啜酒然。以饷客，客必辨其香味而细啜之，否则相为嗤笑，名曰工夫茶。"流俗其所喜好的"文火煎之，如啜酒然"一句，在某种程度上，反映出当时的人们，对用小酒杯替代茶杯喝茶，还是有点不太习惯，感觉像是在品酒，这是否仍会让我们想起张岱、周亮工、陈允衡眼中的闵老子来？"自起当炉，茶旋煮，速如风雨"（《陶庵梦忆》）。"见水火皆自任，以小酒盏酌客，颇极烹饮态"（《闽小记》）。"汶水君几以汤社主风雅"（《花乳斋茶品》）。咸丰年间，寄泉的《蝶阶外史·工夫茶》中有："工夫茶，闽中最盛""瓯如黄酒卮，客至每人一瓯，含其涓滴，咀嚼而玩味之"的说法。这基本可以证明，咸丰年间的福建某甲家巨富，在品饮工夫茶时，用的仍然是小酒杯，或者是参照酒杯形制仿造的小茶瓯了。

一个新茶类的诞生，一定会引起品饮方式的变化，相应的茶器与审美，必然会随之改善与调整。这种饮茶方式的全新改变，通过顺藤摸瓜，追本溯源，从中仍能感受到，闵汶水的松萝制法、松萝饮法对当时武夷松萝的深刻影响。

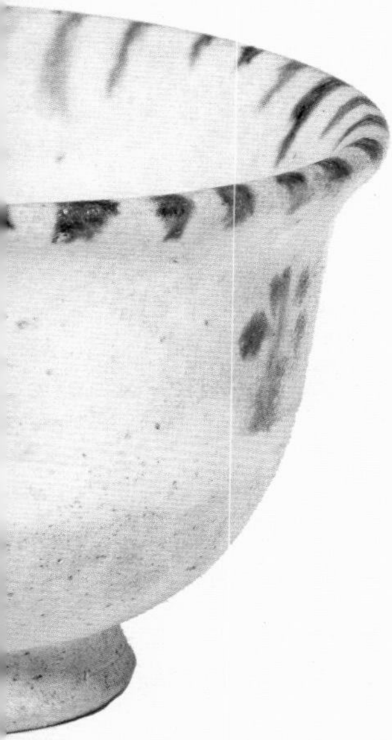

龙溪程江传承久

纵观历史发展，世俗流行的诸多时尚新潮，
青楼女子仍是不可或缺的推动力量。

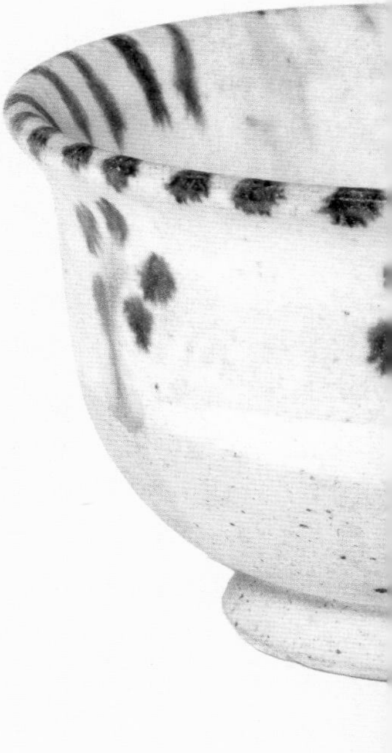

从明末清初的《随见录》，至清末民初的《可言》所载，工夫茶一直是作为武夷岩茶的代名词存在着的。民国以后，武夷岩茶已不再被称为工夫茶，取而代之的则是特指出口的精制传统红茶，如政和工夫、祁门工夫、宁红工夫等。到了清代嘉庆六年（1801），梦厂居士俞蛟，在《梦厂杂著·潮嘉风月》中，首次提到“工夫茶烹治之法，本诸陆羽《茶经》”。从此之后，工夫茶之名，始与泡饮之法建立了或疏或密的联系。俞蛟书中所记的工夫茶泡法，是在乾隆五十八年至嘉庆五年（1793—1800）期间，他以监生身份，赴嘉应州任兴宁县典史时，在程江六篷船上的见闻。

俞蛟，会稽山阴（今浙江绍兴）人，字清源，号梦厂居士，生于乾隆十六年（1751）。《梦厂杂著》是他唯一的传世著作，嘉庆六年，成书于广东齐昌官舍凝香室。《梦厂杂著》全书共分七卷，第七卷《潮嘉风月》，记录了潮州、嘉应州一带20余名船妓的遭遇。其中就有“态度丰艳、柔情绰约”的濮小姑，“故当时才流，凡有雅集，必登小姑舟，如奉为吟坛主”。据俞蛟记述：在六篷船上，名人书画，红闺雅器，无不精备。“闲倚蓬窗，焚香插花，居然有名士风味。对榻设局，脚床二，非诗人雅志不延坐。”当时的六篷船，究竟有多么豪华呢？据清代长沙人周寿昌说：“水国游船，以粤东为最华褥，苏、杭不及也。”明清的苏杭，可谓是“人间都会最繁华”。既然苏杭的花船所不及，则证明了六篷船上的吃穿用度，无不奢华异常。其经济后盾与消费基础，无可争议是来自于韩江商路的熙攘与繁荣。而极其雅致又带有书香气息的六篷船上的妓女，据

记载，大多扮相时尚，工诗善唱，熟谙工夫茶饮，喜交品味高的文人士大夫。乾隆年间，状元吴鸿任广东学政时，在赴潮嘉（即潮州与嘉应州）典试途中，就曾在六篷船上结交了俞蛟笔下的濮小姑，并题扇赠诗云："轻衫薄鬓雅相宜，檀板互敲唱竹枝。好似曲江春宴后，月明初见郑都知。折柳河干共黯然，分衿恰值暮秋天。碧山一自送人去，十日蓬窗便百年。"

俞蛟在《潮嘉风月·丽景》一篇写道："蜀茶久不至矣，今舟中所尚者，唯武彝，极佳者，每斤需白镪二枚。六篷船中食用之奢，可想见焉。"白镪即是白银。从俞蛟所记，我们可以看出，潮嘉舟中引以为尚的，是价格高昂的新贵——武夷茶，而非此前的川茶。

俞蛟为其作传的船妓月儿，"姿首清丽，白昼相接，如对名花，映烛而坐，愈觉其妍，故人呼为'夜娇娇'。桂山邱学士赠诗云：春衫窄袖小云鬟，烛影浮杯照远山。怪煞纤纤江上月，夜来光彩满人间。由是月儿名噪甚，远近文学之士，得识一面以为快。"俞蛟选择登临月儿的舟中吃茶，是否也是慕其艳名而来？巧合的是，俞蛟在舟中的舱壁上，无意中发现了同为浙江举人王昙（万花主人）题写给月儿的诗句："宴罢归来月满阑，褪衣独坐兴阑珊。左家娇女风流甚，为我除烦煮凤团。小鼎繁声逗响泉，蓬瀛夜静话联蝉。一杯细啜清于雪，不羡蒙山活火煎。"俞蛟下船后，回到广东兴宁官舍的凝香室，把自己的所见、所感以及月儿泡茶的程式详细记录下来，便是《潮嘉风月》所记："工夫茶烹治之法，本诸陆羽《茶经》。而器具更为精致，炉形如截筒，高约一尺二三寸，以细白泥为之。壶出宜兴窑者最佳，圆体扁腹，努嘴曲柄，大者可受半升许。杯盘则花瓷居多，内外写山水人物极工致，类非近代物，然无款识，制自何年，不能考也。炉及壶盘各一。唯杯之数，则视客之多寡，杯小而盘如满月。此外尚有瓦铛、棕垫、纸扇、竹夹，制皆朴雅。壶盘与杯，旧而佳者，贵

如拱璧。寻常舟中，不易得也。先将泉水贮铛，用细炭煎至初沸，投闽茶于壶内，冲之。盖定复遍浇其上，然后斟而细呷之。气味芳烈，较嚼梅花更为清绝，非拇战轰饮者得领其风味。”

俞蛟的上述记载非常重要，既然嘉庆初年，俞蛟能在往来程江的六篷船上，见到成熟的工夫茶烹治之法，这说明工夫茶的烹饮，在潮、嘉社会各阶层中，已不陌生或已司空见惯，同时也大致描绘出了工夫茶在汀州、梅州、潮州之间的传播路线。此刻，在我们脑海里，是否也会浮现出秦淮名妓王月生等人，“虽大风雨、大宴会，必至老子（闵汶水）家，啜茶数壶始去”。纵观历史发展，世俗流行的诸多时尚新潮，青楼女子仍是不可或缺的推动力量。

既然工夫茶诞生于武夷山区，那么，它又是怎样在潮汕地区开花结果的呢？

明末，闵老子娴熟高超的泡茶技法，虽无工夫茶之名，却已具工夫茶之实。当工夫茶（武夷茶）受到松萝茶的制法的影响诞生以后，工夫茶在运输、售卖、烹饮、传播过程中，渐渐才由一种崭新的茶类，通过以讹传讹的约定俗成，成为武夷茶的一种考究精致的烹治、品饮方式。

明代万历年间，郭子章的《潮中杂记》记载：“潮俗不甚贵茶，佳者多不至潮。唯潮阳间有之，亦闽茶之佳者耳，若虎丘、天目等茶，绝不到潮。”这说明在明末，潮汕地区的制茶技术较差，茶的消费水平还停留在初级阶段。康熙二十三年（1684）的《潮州府志》记载：“茶，潮地佳者罕至，今凤山茶佳，亦云待诏山茶，亦名黄茶。”康熙二十五年（1686）的《饶平县志》也记载：“粤中旧无茶，所给皆闽产，稍有贾人入南都，则携一二松萝至，然非大姓不敢购也。近于饶中百花、凤凰山多有植之者。其品亦不恶，但采炒不得法，以致苦涩，甚恨事耳。”这说

潮州乌岽山古茶树

明，到了康熙二十五年，潮汕地区的制茶技术，仍然没有取得实质性的进步。商贾豪门权贵所饮的茶，皆是由茶商从武夷山采购的松萝绿茶。雍正八年（1730），《潮安县志》仍旧记载："茶，潮地佳者罕至。"到了清末，同治二年（1863）黄剑的《镇平县志》记载："今邑中有所谓武夷茶者，用以饷客，盖来自崇安也。余尝至东麓山房，杨友竹出手制本山茶尖数片，瀹之隽永，不减雀舌，可见本山所产亦不恶，惜制之者无此细腻风光也。"从上述文献可以看出，到了清代顺治年间，武夷山已经借助松萝茶的烘青技术，完成了蒸青茶的改造，并且在康熙年间发明了乌龙茶的制作技术，工夫茶于此业已问世。而潮汕地区，在康熙年间，仅凤山的制茶技术稍有起色，凤山黄茶才刚刚诞生。而单丛的主产区凤凰山，仍然采炒不得法，以此做出的绿茶，滋味依旧偏苦涩。到了同治年间，品质好的茶

清末乌龙茶的挑拣

叶，还是来自武夷山区。本地土著鉴茶之优劣，仍是以绿茶（雀舌）为标准，这基本能够证明，乌龙茶的制法、饮法，在当地仍然没有得到崇尚和推广。但是，黄剑也承认，本地所产茶青的品质优良，只是制茶技术太粗糙、落后了。上文中提及的“黄茶”，不同于六大茶类中的黄茶类属，可能是炒焙工艺不得法，以致绿茶的干茶泛黄；也可能是品种原因，致使绿茶的外观微黄故名。

那么，潮州乌龙茶到底起源于何时呢？从以上史料可知，它应该诞生在武夷岩茶出现之后，是武夷岩茶的制作技术，影响和左右了潮州乌龙茶的发展。早期的凤凰单丛，并没有自己的专属名字，它常被称作“广东武夷”。陈椽先生在《中国茶叶外销史》中，引述1836—1840年“英国输进中国茶叶花色一览”，记录有如下花色：“广东武夷，福建武夷工夫、红梅、珠兰、安溪……”民国二十四年（1935）的《广东通志稿》，记载了凤凰单丛的制法：“将所采茶叶置竹匾中，在阴凉通风之处，不时搅拌，至生香为度，即用炒镬微火炒之，至枝叶柔软为度，复置竹匾中，用手做叶，做后再炒，至干脆为度，即可出售。”“茶为凤凰区特产，以乌崬为最佳，每年产额二十余万元。”直到民国三十五年（1946）的《潮州志》中，才明确记载了凤凰茶的炒焙两法兼用。这就意味着，在民国前后，凤凰单丛的青茶制作技术，才基本趋于成熟和完善。

清代，毗陵太守李宁圃《程江竹枝词》诗云：“程江几曲接韩江，水腻风微荡小艭”。“怪他楚调兼潮调，半唱销魂绝妙词”。程江，发源于江西寻乌县的大帽山，一百多里的旧河道，流经梅县，在梅州市区的老百花洲汇入梅江。而发源于武夷山南段的汀江，在流过汀州后，与梅江在三河坝汇成韩江。韩江自古就是贯通闽西、粤东的交通大动脉，也是整个潮汕、兴梅、闽西南以及赣南地区商业联系的纽带。尤其是在清代康熙中后

千年古汀州

期，随着禁海令的废除，水流潮汕的千年汀州府，迅速成为闽、粤、赣三省的物流交易中心，而潮州则一跃发展成为闽、粤、赣边经济区域的贸易中心。从此，潮汕地区也成为汀州商人对外商贸的主要区域。在潮汕经商的大量汀州、龙岩商人，为联络乡情，方便商业洽谈，于潮州成立了汀龙会馆。而来自潮州、汕头、潮阳、澄海等地的商人，也在作为闽、粤、赣物资流通中转站的汀州，相继建立了广东会馆、潮州会馆等。潮、汀双方密切的贸易往来，必然会带来韩江水运的空前繁忙。修篁夹岸，六篷参差，商人、文人如过江之鲫，熙攘往来于江上岸下，自然也不可避免地催生了娼妓娱乐业的发达兴旺。如俞蛟所见："绣帏画舫，鳞接水次；月夕花朝，鬟影流香；歌声戛玉，繁华气象，百倍秦淮。" 韩江古渡，鬟影脂香，六篷船上，风月之盛，由此可见一斑。袁枚在《随园诗话》说："传闻潮州六篷船人物殊胜，犹未信也。"待读罢李宁圃的竹枝词后，"方悔潮阳之未到也" 。晚清诗人丘逢甲，有感于此，也写过"五州鱼菜行官贴，两岸莺花集妓蓬"的诗句。

我们有幸能在武夷山市的星村黄花岭上瞻仰的天上宫，就是在康熙三十九年（1700），由汀州商人历时十年、集资兴建的汀州会馆。会馆的大殿，供奉有妈祖神像，也是闽北规模最大、建筑最精美的妈祖庙。古老的汀州会馆，它一方面见证了，曾云集武夷山的汀州茶商的人数众多及其所拥有的巨大财力。另一方面也反映了，常年往来于湍急水上运输的汀州茶商，对能庇护个体生命与财富安全的超自然神灵的渴望。嘉庆十三年（1808）的《崇安县志》，在写到星村茶市及汀州茶商时有："茶市之盛，星渚为最。初春后，筐盈于山，担属于路。负贩之辈，江西、 汀州及兴、泉人为多。" 武夷山的妈祖庙，在当下的近乎销声匿迹，也如实反映了，武夷茶由过去水路运输向今天陆路运输的重大转变。

光绪年间，徐珂在《清稗类钞·饮食类·邱子明嗜工夫茶》中写道：“闽中盛行工夫茶，粤东亦有之。盖闽之汀、漳、泉、粤之潮，凡四府也。”清代的闽中范畴，是泛指福建地区，包含中国台湾。粤东，是指与福建龙岩、漳州等地接壤的潮汕、梅州等地。从徐珂的记载来看，闽中盛行工夫茶的地区，主要包括汀州、漳州、泉州等地。而粤东，主要是指韩江、梅江、程江流域的梅州、潮汕地区。乾隆二十七年的《龙溪县志·风俗篇》，详细记载了龙溪县工夫茶的精致与兴盛。清代的龙溪县城，即为今天的漳州古城。乾隆三十一年，客闽三年的永安县令彭光斗，在路经龙溪县时，于路边第一次品尝到沁透心脾的工夫茶。乾隆五十一年，袁枚在武夷山游览天游寺时，首次见到“笑杀饮人如饮鸟”的工夫茶。待到乾隆五十一年，绍兴人俞蛟出任韩江上游的兴宁县典史，在程江船妓月儿锦绣夺目的六篷船上，见识了鸦片与工夫茶，两者皆是六篷船上招待客人的必备之物，并亲身体验与详细记载了较嚼梅花更为清绝的奢华工夫茶的范式。由此可见，工夫茶从福建渐次向潮汕地区的传播，不仅依靠福建汀州、龙岩、漳州的商人，而且漂泊在韩江流域上的各色船妓，也是一股无法忽略的重要推手。那时穿梭在韩江上的六篷船，究竟有多少呢？清代大埔人张对墀的《茶阳竹枝词》云：“三水三江合一河，沿河来去客船多。盈盈无数疍家女，皓腕明妆照绿波。”民国四年（1915）出版的《清朝野史大观·清代述异·卷十二》则说：“中国讲求烹茶，以闽之汀、漳、泉三府，粤之潮州府功夫茶为最，其器具亦精绝，用长方瓷盘，盛壶一杯四。”清代中期以降，随着汀州与潮汕商品交流的日益密切，随着潮汕地区经济水平的越来越高涨，工夫茶的传播与发展，从曾经的“闽中盛行工夫茶，粤东亦有之”，到“粤之潮州府功夫茶为最”，自然是在意料之中的。工夫茶的兴盛及其所用茶器愈渐精绝的背后，比拼的是一个地区的经

清代雍正钟形八鹅杯，
高 3.8 厘米，口径 7.4 厘米

济发展水平与当地人们的强大消费能力。

1957年，潮州人翁辉东，在《潮州茶经》讲得很明确："潮人所嗜，在产区则为武夷、安溪。"综合上述内容，能够足以证明，潮汕工夫茶，主要是由康熙以降的福建汀州、漳州、龙岩商人以及程江、汀江、梅江、韩江上的各色船妓，在长期的闽、粤、赣之间的商业往来中，在商品经济的强力推动下，不断渗透、熏染、改进、完善起来的。当工夫茶从武夷山开枝散叶传播而来时，闽、粤两地茶商的伺机介入，也是有所贡献的。

总之，工夫茶最终在潮汕地区发扬光大，翁辉东在《潮州茶经》，已经讲得很直白了。首先，清代中期以后，福建汀州货物顺江而下，改由潮汕出口。潮汕海货也大规模地进入汀州，潮州凭借其独特的地理区位、经济实力迅速崛起，从此商业发达，潮民殷盛，物产亦饶，巨富商贾众多，其经济发展水平，能够足以匹配工夫茶崛起的耗费。其次，当饮茶被文人雅士捧为风雅之举之后，大众便以饮茶相夸尚，且潮人历来喜尚风雅，举措高超，自然也会不甘平庸。最后，在福建汀州、漳州、龙岩富商的高调引领下（雍正十二年，龙岩始从漳州分离出来，升格为龙岩州），在本地富商的推波助澜下，在高等级船妓的奢华示范下，多种力量的协同并举，使潮人开始变本加厉，"继则不惜重资，购买杯碟，已含玩弄古董性质。"故翁辉东说："唯我潮人，独善烹制，用茶良窳，争奢夺豪，酿成'工夫茶'三字，驰骋于域中。"其实，工夫茶自从在闵汶水的"花乳斋"萌芽，在特别讲究水火烹制之外，就已经开始以古为雅，刻意追求茶器的精绝，这种奢靡与炫耀之风，一直贯穿于工夫茶发展的始终。"穷山僻壤，亦多耽此者。茶之费，岁数千"（乾隆二十七年的《龙溪县志》）。"彼夸此竟，遂有斗茶之举。有其癖者，不能自已。甚有士子终岁课读，所入不足以供茶费"（道光十二年《厦门志》）。光绪年间，张心泰在《粤游小记》中也说："潮郡尤尚工夫茶"，"甚有酷嗜破产者"。上述三段记载可以证实，从康熙年间的漳州，道光年间的厦门，再到光绪年间的潮汕地区，为工夫茶所拖累者，为工夫茶所破产者，恐怕不在少数，也绝非仅限于记载中的寥寥几个案例。

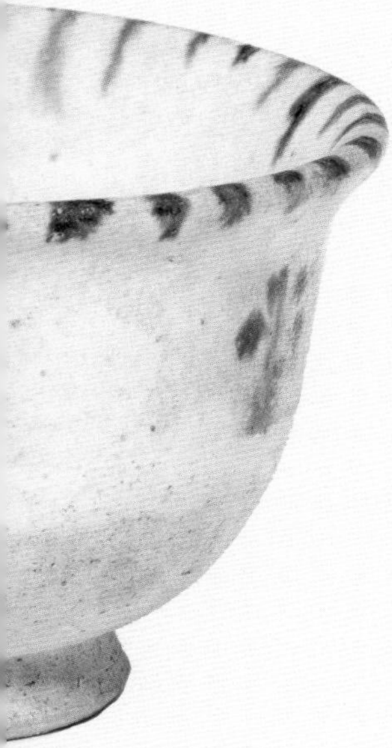

不断完善工夫茶

正是由于工夫茶的出现，
弥合、拉近了过去以社会精英为代表的文人茶与民间饮茶在精神、
审美层面的巨大鸿沟。

近代，台湾学者连横（1878—1936），在《雅堂笔记·茗谈》中写道：“台人品茶，与中土异，而与漳、泉、潮相同；盖台多三州人，故嗜好相似。茗必武夷，壶必孟臣，杯必若琛，三者品茗之要，非此不足自豪，且不足待客。”对于台湾居民的构成，连横所讲是属实的。清代《小琉球漫志》也说：“台地居民，泉、漳二郡，十有六、七；东粤嘉、潮二郡，十有二、三；兴化、汀州二郡，十不满一；他郡无有。”这就很容易解释，为什么流行闽南、粤东的工夫茶，与台湾是何其相似了，两岸本是同根同族一家亲。连横作为历史学家，他此刻所见到的工夫茶，仍是一种不同于中国其他广大地区的小众饮法。构成工夫茶的三个要素，分别为名贵的武夷茶、孟臣壶、若琛杯。若三者缺一，则不能称之为工夫茶，待客则感觉自己底气与实力不足，甚至缺少彼此的地域认同感与归属感。

嘉庆初年，在往来梅州的程江六篷船上，俞蛟准确记录了船妓月儿泡工夫茶待客的场景，其中包括极工致且贵如拱璧的白泥炉、宜兴砂壶、瓷盘、瓷杯、瓦铛、棕垫、纸扇、竹夹等。在泡茶时，“先将泉水贮铛，用细炭煎至初沸，投闽茶于壶内冲之；盖定，复遍浇其上。”到了咸丰年间的《蝶阶外史》则有：“每茶一壶，需炉铫三。”“第一铫水（将）熟，注空壶中，荡之泼去；第二铫水已熟，预用器置茗叶，分两若干，立下壶中，注水，覆以盖，置壶铜盘内；第三铫水又熟，从壶顶灌之周四面，则茶香发矣。”《蝶阶外史》的作者高寄泉所述，比俞蛟多了“注空壶中，荡之泼去”。而以沸水涤壶、温壶等环节，明代张源的《茶录》里早有详

康熙五彩十二花神杯

述，这说明工夫茶的瀹泡技法，是在久远的历史时空中，在历代茶人频繁用心的酌客中，在闽、粤之间次第有序的传播中，不断改良精进，愈臻完善的。

在民国时期出版的《清朝野史大观·清代述异》中，所记载的工夫茶，开始强调以潮州为精、为最，其中写道："中国讲求烹茶，以闽之汀、漳、泉三府，粤之潮州府工夫茶为最。其器具精绝，用长方瓷盘，盛壶一、杯四，壶以铜制，或用宜兴壶，小裁如拳。杯小如胡桃，茶必用武夷。客至，将啜茶，则取壶置径七寸、深寸许之瓷盘中。先取凉水漂去茶叶中尘滓。乃撮茶叶置壶中，注满沸水，既加盖，乃取沸水徐淋壶上。俟水将满盘，乃以巾覆，久之，始去巾。注茶杯中奉客，客必衔杯玩味，若饮稍急，主人必怒其不韵。"与之前的文献相比，到了清末，潮州工夫茶又增加了"先取凉水漂去茶叶中尘滓"、覆巾等程序。

1957 年，随着翁辉东《潮州茶经·工夫茶》的问世，潮州工夫茶艺基本定型，臻于完美。首先，翁辉东在《潮州茶经·工夫茶》中，对潮汕工夫茶进行了较为准确的定义："工夫茶之特别之处，不在于茶之本质，而在于茶具器皿之配备精良，以及闲情逸致之烹制。"以强调使用极其精绝的茶器瀹茶、待客，是工夫茶的外在特色。从明末闵汶水的"荆溪壶、成宣窑磁瓯十余种，皆精绝"，到乾隆年间《龙溪县志》，挑剔奢侈茶器的"六必"（必以大彬之礶，必以若琛之杯，必以大壮之炉，扇必以琯溪之箑，盛必以长竹之筐等）；从嘉庆初年，程江六篷船上的"壶、盘与杯，旧而佳者，贵如拱璧，寻常舟中不易得也"，至《清朝野史大观·清代述异》记载的"其器具精绝"，等等。工夫茶与生俱来的应酬交际特征，决定了其烹制技法，必然具备了以器精绝、茶名贵、技法熟等高调炫耀示人的特征。其茶与茶器的选择，也必然走向了奢侈化、媚外化与标签化，工

明代文徵明《品茶图》

夫茶甚至已经成为商人或各阶层人士肯定自己、炫耀财富、博取名誉的一种手段。这与古往今来儒家强调的精神内求、以茶修心、寓意于物而不可留意于物的传统文人茶，从精神内核上形成了明显的分野，雅俗自见。

翁辉东在“烹法”一节进一步说：“茶质、水、火、茶具，既一一讲求，苟烹制拙劣，亦何能语以工夫之道？是以工夫茶之收功，全在烹法。所以世胄之家，高雅之士，偶一烹茶应客，不论洗涤之微，纳洒之细，全由主人亲自主持，未敢轻易假人；一易生手，动见偾事。”在翁辉东的视野里，主人待客时，追求冲泡方法的精练、极致，始能体现出主人事茶用工致力的程度。其瀹饮程序，主要包括治器（泥炉起火，砂铫掏水，扇炉，洁器、候火，淋杯）、纳茶、候汤、冲点、挂沫、淋罐、烫杯、洒茶等。

在工夫茶的啜饮上，从嘉庆时期的俞蛟开始，就批判不暇辨味的拇战轰饮，强调需反复品味的“斟而细呷之”。“客至每人一瓯，含其涓滴，咀嚼而玩味之。若一鼓而牛饮，即以为不知味，肃客出矣。”（《蝶阶外史》）咸丰年间，寄泉记载的某富人的啜饮，与俞蛟记载的饮法，是极其近似的。此种啜饮品味的共识，如果溯其源头，还是能够从历代传统文人茶的饮法中觅到端倪。明末，屠隆在《考槃馀事》说：“有其人而未识其趣，一吸而尽，不暇辨味，俗莫大焉。”但是，与工夫茶相比，文人茶更在意饮茶的清趣及与谁对饮。松月下，花鸟间，清流白石，绿藓苍苔，云水之间，青山相伴，似乎才是幽人雅士追求的饮茶去处。北宋欧阳修《尝新茶呈圣俞》诗有：“泉甘器洁天色好，坐中拣择客亦嘉。”宋代点茶，有三不点的规则，其中若有坐客不嘉，举止粗鲁，可不点茶。“使佳茗而饮非其人，犹汲泉以灌蒿莱，罪莫大焉。”（屠隆《考槃馀事》）茶灶疏烟，松涛盈耳，独烹独啜，是一种文人乐趣。而饮侣的品格与茶品相得，

明代仇英《东林图》，文人吃茶局部

素心同调、彼此畅运，才是文人饮茶的首要选项。北宋苏轼曾有诗："饮非其人茶有语，闭门独啜心有愧。"在传统文人的眼中，饮茶的本质，在于益思醒神，而茶的底蕴背后，寄寓的是以茶修身、养性、隐志、自省的精神诉求。茶虽微清小雅，若与俗人对饮，则有违文人赋予茶的精神。但工夫茶却是不同，可嘉会盛宴，可豆棚瓜下，无论文人雅士、宾朋杂沓，还是贩夫走卒、乍会泛交，都可在一席茶中，擎杯提壶，长斟短酌，芳香溢齿颊，甘泽润喉吻，两腋生清风，其喜气洋洋者矣。

到了民国前后，翁辉东则说："杯缘接唇，杯面迎鼻，香味齐到，一啜而尽，三嗅杯底。"工夫茶所谓的一啜而尽，恰是中国传统文人极力反对的，更是"俗莫大焉"。翁辉东提倡工夫茶的"一啜而尽"，可能与品杯的容量变小、径不及寸有关，也是由工夫茶提倡的趁热、寻香、觅韵所致。工夫茶瀹泡过程中的淋壶、烫杯、低斟等，皆是为了提高茶汤的温度，而茶香的高扬与否，恰与温度是正相关的。

纵观今天的工夫茶，其备器、择水、取火、候汤、炙茶、"乘热连饮之"等思想精髓，还是受到了陆羽《茶经》的影响，故俞蛟说："工夫茶烹治之法，本诸陆羽《茶经》"，是有一定道理的。工夫茶择器的精致，则是受到了唐宋以降文人雅士审美情趣的熏陶。"器具精洁，茶愈为之生色。用以金银，虽云美丽，然贫贱之士未必能具也。若今时姑苏之锡注，时大彬之砂壶，汴梁之汤铫，湘妃竹之茶灶，宣、成窑之茶盏，高人词客，贤士大夫，莫不为之珍重，即唐宋以来，茶具之精，未必有如斯之雅致。"明代万历年间，黄龙德《茶说》里的择器观点，可与乾隆《龙溪县志》对工夫茶器的记载相互印证，茶脉赓续，丝缕关联，由此可见。

工夫茶虽然是中国文人茶的商品化、世俗化的产物，但是，世俗中的人们，在充分满足了自然欲望和感官愉悦之后，在百姓日用中，使日常饮茶得以审美化，便在无形中拓宽了市井饮茶的审美视野 。正是由于工夫茶的出现，弥合、拉近了过去以社会精英为代表的文人茶与民间饮茶在精神、审美层面的巨大鸿沟。工夫茶在把高雅俗化以后，又在长期不断的改善之中将俗雅化。而在世俗中所蕴含的美，在超越了生命感性的存在以后，便逐渐形成和丰富了大众饮茶的审美趣味。故翁辉东在《潮州茶经·工夫茶》总结道："一啜而尽，三嗅杯底，味云腴，餐秀美，芳香溢齿颊，甘泽润喉吻，神明凌霄汉，思想驰古今。"境界至此，已得工夫茶三昧。

健康瀹饮是根本

纵观中国的饮茶历史，自唐以降，它始终存在着一个不断删繁就简，剔除欲念，关注健康，渐次回归到日常生活和内心体验的发展历程。

茶为国饮，源远流长。唐代的煮茶、煎茶，宋代的点茶、撮泡，明末以降的工夫茶以及贯穿中国茶史的文人茶等，无论是从意识形态还是技艺层面，都为我们今天如何健康地去瀹泡一杯意蕴深邃、淡雅清和的中国茶，奠定了扎实深厚的基础条件。饮茶在精神、审美与感官享受关系或左或右的不断调整，成为一把衡量与判断不同时代、不同阶层、不同人群茶事行为雅与俗的标尺。

纵观中国的饮茶历史，自唐以降，它始终存在着一个不断删繁就简，剔除欲念，关注健康，渐次回归到日常生活和内心体验的发展历程。反观当下，随着健康理念的深入人心以及经济条件的不断改善，我们虽然比古人拥有更丰富更优越的物质条件，拥有更多的茶类与冲泡技巧，但是，现代生活方式的快节奏与多元化，也给我们的身心增添了诸多的困惑与茫然，因此，当下的饮茶需求，已不能仅仅停留在祛暑解渴的低级层面，更应该上升到闲饮慢啜，松弛身心，进而怡情悦性，致清导和，借由茶事滋养以成审美之趣，渐而形成一种能够自觉抵御喧嚣、庸常的慢节奏的优雅生活方式。鉴于此，当下茶的泡茶与品茶习惯，必须与面临的现代生活实际相结合，以此形成贴近传统、融入生活、具有清雅淡和的美的行为标准与仪轨。因此，现代一席茶的设计，既不能脱离传统之美，也必须符合现代人的行为规律。借由茶与茶席，营造日常的居家生活之美，使我们的生活“过目之物尽是图画，入耳之声无非诗料”，以此来抵御世事的纷扰，抗拒世俗的无聊。

明代白瓷菊花纹茶碗

茶类不同，泡法有别，一款茶的香气、汤色、滋味、气韵、意境的表达，因人而略有差异，其甘隽永香蕴藉，幽人自知。泡茶看似随意，欲泡好一盏茶，并不容易，这不仅需要扎实的手上功夫，活火活水，知茶性，明茶理，以形成正确的审美与综合判断，而且还需要“利其器”。茶器的选择，是否顺手贴意，是否适合某一类茶，能否准确客观地去表达茶的汤色、香气、滋味、气韵等，都是值得认真探究、细细玩味的雅趣闲事。

个人以为，最健康、最理性、最简洁的瀹饮方式，必须以人体工学为基础，借以佳茗美器，运用人体工程力学原理，知行合一，去健康、科学、合理地泡好一盏有滋有味的茶汤，为快节奏的现代生活，倍添韵致，颐养身心，使之成为旨在体现“静为茶性、清为茶韵、和乃茶魂”的艺术生活化的茶事美学行为。借助茶，让我们学会苦中作乐，忙里偷闲，诗意地栖居于自然草木之中。借由茶，通过鉴水、择器、候汤、冲瀹、闻香、知味、赏器等，渐饮渐惜物，渐饮渐妙喜，让枯燥的日子有味道，使平淡的生活艺术化。笃静悟初，清神出尘，久而久之，几案之间，可得清晖澹忘之娱，让清雅的茶事美学活动，成为一种精神的自觉，居闲趣寂，素怀观照。

茶滋于水，水籍乎器。茶汤无形，无器不盛。器以载道，道由器传。所谓茶道，其本质就是关于茶的艺术，或是茶的美学。形而上者谓之道。而形象的直觉即是美。技可进乎道。只有技艺精熟了，上升到美，就近乎“道”的范畴了。由此可见，由茶与器之门径而入的茶道，就是一门极富情趣化的雅致的生活艺术。而茶席则可视为是茶道有规则、有秩序的外化的具体表达。在物质日渐富足的今天，我们不妨去借助茶席的概念，应天之时，载地之气，加以材美与工巧，借以实现自然与人、人与茶、茶与器、器与器的协调呼应、相得益彰，以此去构建一个健康科学、实用且美、清韵自足的艺术道场。

所谓茶席，狭义地讲，它是一个品茗的平面。广义地讲，却是为品茗构建的一个人、茶、器、物、境的茶道美学空间。它以茶与茶汤为灵魂，以茶器为主体，在特定的空间形态中，与其他的艺术形式相结合，共同构成的具有独立主题并有所表达的艺术组合。茶席，也是在庸常、枯燥的日常生活中，辟出的一方心灵净土、一方纯粹的精神享受与审美空间，以“挹古今清华美妙之气”，颐养性情，乘物以游心。

在茶席设计中，我一直强调“实用且美”的原则。规范合理的泡茶姿势，能够促进人们在生理上表现出最佳状态，并能有效减少肌体劳损的产生。一个理想的茶席，首先要符合人体的工程力学原理，要实用省力，要平衡舒适。其次要有美感，能给人带来眼、耳、鼻、舌、身、意的愉悦和享受。但是，这种美的存在，是要为茶席的实用性去服务的。因此，茶席的实用与美，二者既不矛盾，更是不可分割。

对于茶席的设计，我在《茶席窥美》中详尽论述过，于此不再详述。但是，在一个正规茶会或重要的茶事活动中，所需茶器不应少于十八种。具体包括：泡茶器（盖碗或壶）、壶承（茶盘）、盖置、匀杯、茶杯、茶托、茶荷、茶则、则置、茶炉、烧水器、滓方，洁方、竹夹、茶仓、具列、席布、花器等。若是居家日常，花前月下；山寺野外，瞰泉临涧等，可随心所欲，可繁可简，以方便、够用为度。

陆羽在《茶经》写道："但城邑之中，王公之门，二十四器缺一，则茶废矣。"陆羽对展现唐代煎茶道的二十四器的严格要求，体现了陆羽煎茶的严谨态度及对品茶礼仪一丝不苟的追求。从唐代的煎茶，到宋代的点茶，明代的撮泡，至清代工夫茶的形成，茶器的形制、材质、大小、功能等，随着茶类的发展与品饮方式的不同而不断变化着。茶器与茶席的演变，经过漫长的岁月，发展到今天，虽然可繁可简，但不可因繁文缛节，影响了品茶的幽兴。也不能因过素过简，影响了茶席必要的功能与韵味。对此，许次纾在《茶疏》中，讲得非常精当："茶滋于水，水籍乎器，汤成于火，四者相须，缺一则废。"

在茶席上泡茶，要根据自己的身体特点，并兼顾到大多数人的传统习惯与社交礼仪感受，建议采用茶席的温润泡法，即一手持煮水器，另一只手泡茶分汤，以体现左、右手分工的协调平衡。完成冲泡和分茶的每一个动作，要干净利索，落落大方，不允许有过多的修饰和华而不实，并且任何一个动作，都不允许跨越茶席上的任何一件茶器，这是检验一个符合人体工学的科学的、合理的、健康的茶席设计的唯一标准。

所谓温润泡法，即是取消了淋壶追热环节，用一方轻便的壶承，取代了笨重粗大的茶盘的一类泡茶方法。先置茶于壶（盖碗），向壶（盖碗）内注水时，手法要温柔轻缓，水流匀细，定点注水。对于香高的茶，注水点要尽可能地低，且水流不可猛烈地去冲击茶叶。注水完毕后，视个人对茶汤浓度的接受能力，出汤并注入匀杯里，其后，再均匀分至品茗杯内，待茶汤温度低于60℃时品饮方好。茶席的温润泡法，充分考虑了饮茶的健康需求，充满了人文关怀。由此可知，传统工夫茶泡法的淋壶追热，就变得有些多余，既浪费珍贵的水与热能，也属于多此一举。因为水温太高，尽管会稍稍提高茶汤的香气，但却容易烫伤口腔、食道黏膜，不宜入口，于茶、于健康又有多少意义呢？

温润泡法，窃以为是温情脉脉、举止优雅的以水润茶。依靠茶荷承载，用茶则把适量茶叶轻轻地拨入茶壶（盖碗）内，然后轻柔地提起煮水器，缓缓平稳地定点注水。若是香高的茶，其注水的高度，要尽可能地低一些，以保持水温不被明显降低。苦涩较重的茶，可适当高冲，以适当降低水温。其注水点，可选择在茶壶（盖碗）出水口的对侧，或在四分之一圆周处。出汤后，要及时打开茶壶（盖碗）盖，以释放泡茶器内的蒸汽，并把盖子平稳地放在盖置上。对于香高的茶类，出汤后，可迅速把盖子复位，以保持泡茶器的温度。如果是用盖碗泡茶，建议每出汤两次，以盖碗的出水点为基准，依次顺时针旋转九十度，如此，出水点和注水点也相应地旋转了九十度角。茶泡八水之后，香弱水薄，盖碗恰好旋转了一圈，这即是温润泡茶的秘密。当然，自始至终地选择一个注水点定点注水，也不失为是一种沉静简洁的良好习惯。

由于温润泡法的注水平缓，在泡茶过程中，可以通过控制注水速度，来随机把控前四水的出汤时间，可以看汤出汤，随进随出，使茶汤的浓度保持得恰恰好。而后四水的出汤时间，可通过适当减细水流，以延长注水的时间，也可在出汤时灵活延缓出汤的速度，以增加茶叶内含物质在水中的溶解度。一盏茶在瀹泡时表现得是否五味调和、淋漓尽致，主要取决于茶汤的滋味与香气，而滋味的是否调和，与出汤的浓度有关。香气的高低，与水温有关。掌控好影响茶汤溶解度与香气的诸多变量，就算是抓住了泡茶的本质。要想准确地泡好一杯茶，还需要通过不断练习，吃透这类茶的特性，甚或要记住这类茶的特定汤色，然后再用心去核定投茶量、水温和出汤时间，寻找三者达成的短暂而协调的最佳平衡点，足矣。

温润泡法，着重突出一个“泡”字。“泡”从字形上分析，即是以水

包茶。按此泡法，一手注水、另一只手出汤，仪态从容，不疾不徐，不急不躁，茶汤的每一水之间，自会表现得气韵稳定、落差细微、细腻柔滑。另外，温润泡法对水温的把控比较容易，可通过出水的快慢、注水的高低、水流的粗细等手法，去有的放矢地调节与控制。

一款茶泡得好与不好，主要取决于水温、茶与水的比例以及对出汤时间的准确把握等要素。最佳的口感与滋味，就是茶水出汤得不早也不晚。茶汤最美腴的那一刻，就是茶汤带来的两腋生风的愉悦感，清微淡远，中正平和。如《礼记》云："致中和，天地位焉，万物育焉。"

现代品茶，既是一种休闲惬意的生活方式，又是一种带有仪式感的文化活动。仪式感其实是对自身欲望的一种约束。我们反对形式大于内容的过度的仪式感，乃至繁文缛节、矫揉造作，这会严重拉低品茗的格调与趣味。但是，保持适度的仪式感，也是非常必要的。它是一种文化的传承，是对庸常生活的不妥协。它能照亮我们无趣生活中的某些角落，使茶饮之美在我们的精神深处得到固化，以之规范和滋养我们的生命。忽略了具有文化内涵、精神意蕴的某些仪轨，可能会影响到一席茶的韵味与美感。无规矩不成方圆。因此，一个科学合理的基本茶席，就需要兼顾到基本的礼仪、人体自身的条件、肌肉和关节的疲劳强度、动作的伸展裕度与准确性等诸多要素，来合理确定茶席空间的基本尺度，以及茶席尺寸与人体活动自由尺度的契合，使茶席的主人与客人，始终处于舒缓自在、随心坐忘的氛围之中，并且动作幅度最小，能量消耗最少，疲劳强度最低，从而在愉悦的状态中去体验、感受饮茶之美。

主要参考文献

1. 陈祖槼，朱自振编：《中国茶叶历史资料选辑》，农业出版社 1981 年版。

2. 方健汇编校正：《中国茶书全集校正》，中州古籍出版社 2014 年版。

3. 扬之水：《终朝采蓝》，三联书店 2017 年版。

4. 唐圭璋：《全宋词》， 中华书局 1965 年版。

5. 陶穀：《清异录》，惜阴轩丛书本版。

6. 徐珂：《清稗类钞》，中华书局 1984 年版。

7.《全唐诗》，中华书局 1960 年版。

8. 臧晋叔：《元曲选》，中华书局 1989 年版。

9. 张岱：《陶庵梦忆》，上海古籍出版社 1982 年版。

10. 夏咸淳辑校：《张岱诗文集》，上海古籍出版社 2014 年版。

11. 高濂：《遵生八笺》，人民卫生出版社 2007 年版。

12. 静清和：《茶席窥美》，九州出版社 2020 年版。

13. 静清和：《茶与茶器》，九州出版社 2021 年版。

14. 静清和：《茶路无尽》，九州出版社 2021 年版。

15. 兰陵笑笑生：《金瓶梅词话》，梦梅馆校本 2007 年版。

16. 周亮工：《闽小记》，福建人民出版社 1985 年版。
17. 俞蛟：《潮嘉风月》，扫叶山房印行 1928 年版。
18. 王祯：《农书》，浙江人民美术出版社 2016 年版。
19. 钟叔河编订：《夜读抄》， 岳麓书社 2018 年版。
20.《龙溪县志》，1762 年版。
21. 河北省文物研究所编：《宣化辽墓壁画》，文物出版社 2001 年版。
22. 程大昌：《演繁露》，上海古籍出版社版。
23. 陆游：《陆游集》，中华书局 1976 年版。
24. 文震亨：《长物志》，中华书局 2012 年版。
25. 森立之辑本：《神农本草经》，北京科学技术出版社 2016 年版。
26. 中国硅酸盐学会编：《中国陶瓷史》，文物出版社 1982 年版。
27. 周祖谟：《洛阳伽蓝记校释》，中华书局 1963 年版。
28. 封演：《封氏闻见记校注》，中华书局 2016 年版。
29. 翁辉东：《潮州茶经》，《潮安文史》第一辑，1996 年版。